怀柔区设施农业高效种植模式

石建红　石　然　主编

U0334367

中国农业出版社

图书在版编目（CIP）数据

怀柔区设施农业高效种植模式 / 石建红，石然主编
. —北京：中国农业出版社，2014.8
ISBN 978-7-109-19541-7

Ⅰ.①怀… Ⅱ.①石… ②石… Ⅲ.①设施农业-栽
培技术 Ⅳ.①S62

中国版本图书馆 CIP 数据核字（2014）第 201401 号

中国农业出版社出版
（北京市朝阳区麦子店街 18 号楼）
（邮政编码 100125）
策划编辑 王华勇 李 夷
文字编辑 张妍妍 丛 杨

中国农业出版社印刷厂印刷 新华书店北京发行所发行
2014 年 8 月第 1 版 2014 年 8 月北京第 1 次印刷

开本：850mm×1168mm 1/32 印张：4.5
字数：112 千字
定价：25.00 元
（凡本版图书出现印刷、装订错误，请向出版社发行部调换）

怀柔区设施农业高效种植模式

主　编　石建红　石　然

副主编　王海荣　高书凤　周立新　孟卫东

参　编（以姓氏笔画为序）

马　静　王士凯　朱鹏浩　刘志群

刘建国　孙　跃　杨　琳　胡　英

钟晓双　徐　静　徐鹏华　曹劲宏

董　静

主　审　李红岭　常久田　何凤英　王铁臣

前言
PREFACE

怀柔区位于北京市北部，总面积 2 128.7 千米²，其中山区占 88.7%，平原占 11.3%。耕地面积 9 514 公顷，基本农田面积 9 200 公顷。2007 年设施面积 77.1 公顷，其中日光温室近 71.2 公顷，塑料大棚 5.9 公顷；到 2012 年已发展到 387.6 公顷，其中日光温室 256.3 公顷，塑料大棚 131.3 公顷。

设施农业是怀柔区农业的重要支柱产业和当地农民增收的主要来源，对优化怀柔区农业种植结构，促进高效生态农业发展以及农业增效、农民增收起到了十分重要的作用。全区在设施农业生产发展中不断探索创新，科学种植水平不断提高，创造了许多高产高效种植模式，积累了丰富的经验和方法。

为进一步促进怀柔区设施农业向优质高产高效方向发展，扩大高效种植模式的推广应用范围，怀柔区农业技术推广站组织技术人员编写了《怀柔区设施农业高效种植模式》一书。本书主要面向从事设施农业生产的种植者和专业技术人员。编写方法上重点突出了模式的茬口安排、技术特点和关键技术；编写内容上主要包括日光温室高效种植模式和塑料大棚高效种植模式两种类型。

此书的出版得到了北京市农业技术推广站、怀柔区种植业服务中心和中国农业出版社的大力支持和配合，在此表示感谢！

由于作者水平有限，不当或错误之处敬请专家、同行和读者指正。

目 录
CONTENTS

第一章 概　述

一、怀柔区设施农业类型

作为现代农业的一种重要形式，设施农业通过集中土地、资金、技术和劳动力等要素，形成了以资金密集、技术密集和劳动力密集为主要特征的集约型、高效型产业。随着生产力的发展和人们生活水平的提高，保护地设施也经历了由简易到复杂、由小型到大型的迅速发展历程，并催生了多种与之配套的新型设施，实现了保护地栽培方式的多元化。本书主要介绍节能型日光温室和塑料大棚两种类型设施的结构性能及生产应用。

（一）日光温室

日光温室大多是以塑料薄膜为采光覆盖材料，以太阳辐射为热源，南侧前屋面白天透入日光能源，夜间用覆盖物保温，北侧后屋面为保温屋面，北墙及东、西山墙为保温蓄能围护墙体，在特殊情况下可以补温。怀柔地区日光温室跨度一般是 8～12 米，长度 50～70 米。

1. 日光温室的基本结构

（1）墙　墙是日光温室的重要结构，日光温室的墙体包括后墙和东、西山墙。白天温室接受太阳的辐射热量，墙体吸收热能，温度升高，储存部分热能；夜间墙体温度降低，向温室中放热，减缓温室温度的下降程度，同时起保温作用，阻止温室热能向外传导。山墙位于温室两侧，作用与后墙相同。通常一侧山墙外侧连接一个小房间作为出入温室内外热能传导的缓冲间，兼作工作室和贮藏间之用。根据材料和厚度的不同，怀柔地区日光温室后墙分为三种。第一种是内外墙选用 24 厘米红砖（或青砖）为材料，中间采用 10 厘米厚保温板形成的"双二四"结构。第二种是内外墙选用 37 厘米红砖（或青砖）为材料，中间采用 10 厘米厚保温板形成的"双三七"结构。"双二四"和"双三七"结构不仅节约了材料，保温效果也明显优于实心砖墙。第三种是选用保温材料板，在两层经表面处理的压型彩钢板中间填充聚苯乙烯泡沫板，内外墙厚度为 12 厘米，聚苯乙烯泡沫板 10 厘米，现场组装拼接，形成墙体，这种后墙的优点是建造速度快，使用寿命长，材料色泽丰富，但造价高。

（2）**后屋面**　后屋面位于温室后部顶端，采用不透光的保温蓄热材料制作而成，主要起保温和蓄热的作用，同时也有一定的支撑作用。其上摆放草苫（棉被），操作人员在后屋面上拉放草苫（棉被）。后屋面的平均厚度在 50 厘米以上，为使受力合理，前部可适当薄些，后部可适当加厚。

（3）**前屋面**　温室的前屋面由几排立柱支撑拱杆，也可通过拉杆和小吊柱支撑拱杆。其上覆盖薄膜，用压膜线压紧。

2. 日光温室的性能

（1）**保温性能**　日光温室的温度变化分为日变化和季节变化。日光温室内温度的日变化状况决定于日照时间、光照强度、拉盖不透明覆盖物的早晚等。温室内部也具有局部温差。一般水平温差小于垂直温差。在一定范围内，温室越宽，水平温差越大；温室越高，垂直温差越小。纵向的水平温差小于横向。冬季温室南部的土壤温度比北部高 2～3℃，而夜间北部比南部高 3～4℃，纵向水平温差为 1～3℃。温室南部产量较北部高。

温室内土壤温度的高低与季节有关，温室内地温受外界气温的影响。外界气温高，无冻土层影响时，室内的地温较高，气温与地温的温差小；如果外界的气温在 0℃ 以下，外界的土壤结冻时，室内的地温升高难度增大，气温与地温的温差增大。

一天中，5 厘米深处地温的最低温度出现在 8：00～9：00，最高温度出现在 15：00 左右；15 厘米深的最低温度出现在 9：00～11：00，最高出现在 18：00 左右。下午盖帘后到第二天揭帘之前，地温变化缓慢，变化幅度在 2.5～4℃之间，土壤离地面越深，地温变化幅度越小。

（2）采光性能 温室内光照的分布因季节的不同而不同。春季和秋季太阳的高度角较大，进入温室的光量多，而冬季的太阳高度角小，进入温室的光量小，温室的光照条件差。温室内不同区域的光差很大。在同一水平方向上，由前向后，光照强度逐渐减少，以温室的后墙内侧最低。温室垂直方向上的光照，以温室的上层最高，中层次之，下层最差，距离透明覆盖物的距离越远，光照强度越弱。

（3）保湿性能 气温升降是影响空气相对湿度变化的主要因素。温室内的气温越高，空气的相对湿度越低；气温越低，空气相对湿度越高。温室内的空气湿度随天气变化、通风状况、浇水量等因素而变化。一般晴天白天，空气相对湿度为 50％～60％，而夜间可达到 90％。阴天白天可达到 70％～80％，夜间可达到饱和状态。夜间相对湿度高，且变化幅度小，最高值出现在揭开草苫后十几分钟内。日出后，最低值通常出现在 14：00～15：00，且变化较大，可达 20％～40％。

由于温室的空气湿度大，温室内的土壤湿度也比同样条件下的露地土壤湿度大。温室内土壤的水分蒸发量与太阳辐射量呈直线关系。太阳辐射量越高，土壤蒸发量越大。

（4）通风性能 寒冷季节的日光温室放风量小，放风时间短，造成温室内外的空气交换受阻，气体条件差异较大，这种差异主要表现在二氧化碳的浓度和有害气体上。

白天空气中二氧化碳的浓度一般为 340 毫克/米³ 左右，并没有达到蔬菜的光合作用饱和点，温室中夜间蔬菜呼吸放出二氧化碳积累在温室中。早晨揭草苫时，二氧化碳的浓度可达到

700～1 000毫克/米^3。揭草苫后，随温度的提高，光照的增强，光合作用加剧，二氧化碳由于不断被消耗，浓度很快下降。到中午放风之前，可降低到200毫克/米^{3}以下，对蔬菜的生长发育极为不利。因此，温室的通风性能尤为重要。

(5) 土壤性能 日光温室在完全覆盖的条件下进行生产，大量施用肥料，只靠人工灌溉，没有雨水淋洗，很容易积累盐分。尤其是在大量施用速效氮肥时，这种现象更为严重。在土壤溶液中盐浓度升高时，土壤溶液的渗透压增大，蔬菜吸水困难，引起蔬菜缺水，严重时会引起反渗，植株萎蔫。同时，土壤的盐分浓度过高，会造成土壤元素之间相互干扰，使某些元素的吸收受阻。因此，在夏季温室闲置季节，要除去前屋面的薄膜，让雨水淋洗土壤，或用清水人工冲洗，在再次定植前深翻土壤，多施有机肥，少施化肥。

(二) 塑料大棚

塑料大棚栽培是投资少、见效快，适宜广大农村地区进行蔬菜保护地栽培的一种栽培方式。在北方地区主要起到春提早、秋延后的作用，一般比露地生产可提早或延后一个月左右。由于其保温性能较差，在北方地区一般不被用于越冬生产。怀柔地区塑料大棚南北走向，一般跨度8米，长度50～70米。

根据使用材料和结构特点的不同，怀柔区塑料大棚主要分为无立柱钢架大棚和装配式镀锌管钢架大棚两类。

1. 塑料大棚的结构

(1) 无立柱钢架大棚 拱架是用钢筋、钢管或两种相结合焊接而成的平面桁架。上弦用16毫米钢筋（或6分管），下弦用12毫米钢筋，纵拉杆用9～12毫米钢筋。大棚跨度8～12米，脊高2.6～3米，长度30～60米，拱架间距1～1.2米。纵向各拱架间用拉杆或斜交式拉杆连接固定形成整体。拱架上覆盖薄膜，拉紧后用压膜线或8号铅丝压膜，两端固定在地锚上。

这种结构的大棚，骨架坚固，无中柱，棚内空间大，透光性好，作业方便，是比较好的设施。但这种骨架需涂刷油漆防锈，1～2年涂刷一次，比较麻烦，如果维护得好，使用寿命可达6～7年。

（2）装配式镀锌钢管大棚 这种结构的大棚骨架，其拱杆、纵向拉杆、端头立柱均为薄壁钢管，并用专用卡具连接形成整体，所有杆件和卡具均采用热镀锌防锈处理，采用工厂化生产，已有20多种标准、规范的系列产品。

跨度一般为8～12米，肩高1～1.8米，脊高2.5～3.2米，长度20～60米，拱架间距0.5～1米，纵向用纵拉杆（管）连接固定成整体。可用卷膜机卷膜通风、保温幕保温、遮阳幕遮阳和降温。这种大棚为组装式结构，建造方便，并可拆卸迁移；棚内空间大，作业方便；遮光少，有利于作物生长；构件抗腐蚀，整体强度高，承受风雪能力强，使用寿命可达15年以上，是目前最先进的大棚结构形式。

2. 塑料大棚的性能

（1）保温性能 塑料棚内气温日变化趋势与露地基本相似。最低气温一般出现在凌晨，日出后棚内温度逐渐上升，8：00～10：00上升最快。在密闭条件下，平均每小时上升2～8℃，有时高达10℃。13：00～14：00后温度开始下降，平均每小时下降2～5℃。日落前下降最快，而且温室内不同区域的气温不同。上午东部气温高于西部气温，下午西部气温高于东部气温，温差1～3℃，夜间棚内四周气温低于中部气温，有时还出现"棚温逆转"现象。

（2）采光性能 塑料大棚的透光率与薄膜种类和老化程度有关，一般为50%～60%，并因季节变化而有差异，垂直光照强度的分布呈上强下弱。塑料大棚方位影响光照分布，上午东侧的光照度大于西侧，下午与此相反。

（3）保湿性能 空气相对湿度白天一般可达50%～60%，

夜间则在 90% 左右，遇到阴雨天时棚内空气相对湿度更大，棚内周边部位的空气相对湿度比中央部位高 10%。

(4) 通风性能　二氧化碳浓度与光合有效辐射呈负相关，每天早、晚浓度较高，中午较低；下午关棚后，棚内二氧化碳浓度逐渐增加，到日出前达到最高值。日出后 1~1.5 小时，二氧化碳浓度迅速下降，至 9：00 跌至最低，通风后二氧化碳浓度有所回升。

3. 塑料大棚的应用

塑料大棚棚内温度白天应保持 25~30℃，最高不能超过 33℃，夜间则以 15℃左右为宜。在保持棚内适宜温度的条件下，防寒草帘适当早揭晚盖，使采光充分，并且每隔 1~2 天用拖把或其他用具将棚膜上的尘土等杂物清除掉，并清除棚膜内的水滴，以增加透光度。在塑料棚内空气相对湿度一般比较大，作物生长过程中易感染病害，应注意调节棚内空气相对湿度，使其保持在 60%~70% 为宜。调节湿度的方法为当棚内湿度过大时，打开通风口或相应提高棚内温度。

二、怀柔区设施农业生产中存在的问题、建议和对策

近年来，随着怀柔区农业结构调整不断深入，设施农业得到较快发展，已经成为我区农民致富的重要途径，但目前设施农业中还存在农民积极性不高、设施利用率低、综合效益不高等问题，影响了设施农业的进一步发展，现将怀柔区设施生产中存在的问题及建议和对策总结如下：

（一）设施生产中存在的问题

1. 农民的科技意识不强

从业人员的文化水平较低，技术提升慢，对技术了解和掌握

不够，是制约蔬菜产业发展最重要的原因。设施农业的快速发展，形成了大批的新菜区，引入了大量的新菜农，但他们中有很多人仅从事过简单的大田生产，不具有先进和系统的农业生产经验，对于设施生产的经验和技术知之甚少。新近发展基地农民的蔬菜种植技术水平较低，有的菜农不知道怎样安排种植茬口，常见病害不会防治，甚至错误用药；有的菜农仅种植一些叶类蔬菜，不会种植果实类蔬菜，这就影响到收入和种菜积极性；而老菜农也由于受到素质不高、信息渠道不通畅等因素制约，缺乏品种和技术的更新，很多落后、不完善的技术还在应用，对农业科研新成果了解少、应用不到位，限制了设施蔬菜整体生产水平的提高。

2. 生产分散，未形成规模经营，市场体系不够健全

由于我区规模设施蔬菜基地大多是近年建起来的，还缺少与之配套的田间地头的批发市场。同时，农户的生产经营规模小，产量不能满足市场的需求，难以形成订单，因此造成销售不畅，对农户的效益造成影响。

3. 设施结构不合理，性能比较差

生产中多数设施存在类型单一、结构不合理、设施环境可控程度低、抵御自然灾害能力差、保温性能不够理想等问题。由于资金不足，建造标准温室难度大，而简易温室耐久性差，且维护成本高，一般3～5年就要翻新，导致重复投资较大。同时由于温室结构不标准（主要表现在墙体及后坡厚度不够、相关角度不合理），导致保温效果差，难以抵御强风或暴雪，温光性能不能满足喜温果菜越冬生产要求，在冬季只能种植一些叶类蔬菜，导致效益不高。

4. 机械化水平低

人工劳动力投入较大，影响农户的积极性和综合效益。比如设施耕地问题，一方面人工耕翻劳动强度大，作业效率低，严重制约了设施农业的快速健康发展；另一方面，采用微耕机耕翻，

由于动力小，而设施内土壤较硬，耕作深度达不到农艺要求。再比如，设施生产要求常年连作，一茬收完就要种植下一茬，由于缺乏快速有效的耕作机械，致使土壤板结严重，有机质等养分也越来越贫乏，严重影响作物的生产效率。

5. 关键技术缺乏突破创新

栽培技术缺乏量化指标，科技含量不足，经验色彩浓厚，生产中只能被动地保温、降温、遮阳，而不能主动地调节温、光、水、肥、气等环境条件，这是限制设施蔬菜高产优质栽培的主要障碍。冬季温室生产条件下的低温弱光、专用品种、健康栽培、营养调控等技术缺乏突破创新。

6. 茬口安排不合理，设施利用率低，生产效益差

设施生产中茬口安排的科学性、合理性是获取高效益的重要措施之一。部分农户在夏季和冬季设施闲置，没有发挥设施农业的优势，单位面积收益比较低。

7. 多年连作，土传病害严重

连作障碍是当前设施生产中面临的一个大问题。随着产业结构的调整，设施面积的不断增加，设施生产逐渐规模化、专业化和工厂化。伴随着高度集约化种植，造成设施的复种指数提高。这种生产模式，存在着种植种类相对单一，过分密植，很少实行轮作，连作现象严重等弊端，造成土壤营养元素平衡受到破坏，土壤条件恶化，土壤病害加重，严重影响了生产者的收益。

8. 施肥结构不合理，存在"三轻三重"的问题

所谓的"三轻三重"指的是在施肥过程中，重化肥、轻有机肥，重大量元素、轻中微量元素，重氮磷肥、轻钾肥。有些农户甚至不适当地使用激素和生产调节剂，从而造成了很多不好的影响，限制了农业生产的高效化和安全化等，生产出的蔬菜虽然外观好看，但影响口感，同时农药残留也会影响人体健康。

（二）针对设施生产中的问题提出的建议和对策

1. 因地制宜，合理建造棚室

根据所处的地理位置、气候特点及栽培作物对设施的要求，合理设计棚室结构。棚室骨架要牢固可靠，经得起大风及雨雪的侵袭。

2. 产销衔接，搞好市场服务工作

首先要搞好产销衔接，按照以销定产的产销思路，立足当地优势，找准目标市场，摸清目标市场各时间段紧缺的蔬菜类型、数量以及居民消费习惯，合理选择适宜品种和茬口布局，做出特色、做出品牌，扩大影响。其次要规划建设好田间地头的批发市场，鼓励支持农民以合作经济组织、运行专业户、经济人等多种形式，与目标市场的经销商签订购销协议，再由经销商按照订单组织农民生产。

3. 加强新品种、新技术的推广力度

以新品种新技术高效益栽培模式为载体，以带动农民增收与设施产业优质高效发展为目标，通过科技投入获取效益，带动农民致富。在设施快速发展的同时，加大新技术推广队伍建设，促进新品种、新技术的应用，提高新老菜农的生产技术水平，推动怀柔设施农业的整体升级。

4. 合理轮作

不要在同一地块多年种植同一种或同一类作物。针对土传病害较严重的地块可以采用嫁接栽培、无土育苗或者进行高温闷棚。

5. 合理安排茬口，选择适宜品种

设施蔬菜可以安排种植早春茬、秋延后、秋冬茬、冬春一大茬、春夏一大茬 5 种茬口，茬口要根据市场行情和价格规律来安排。根据种植的作物的不同生长特性，可适当进行间、套作提高复种指数，增加产量，提高经济效益。在品种利用上应以早熟、抗病、耐热或耐低温弱光、优质、高产、商品性和生产效益高的

品种为主。具体可结合种植茬口来选择品种。

6. 合理施肥，提高产品质量

针对不同种植作物，施入相应的有机肥，建立土壤测土施肥制度，测定土壤有效养分含量，按照测土配方施肥，合理使用化肥，避免盲目施肥。根据不同作物的需肥规律，提出相应的施肥方案，保证按作物的种类、土壤种类进行施肥，满足不同作物、不同时期的需肥要求。

7. 加大病虫害综合防治技术的推广应用力度

贯彻落实"预防为主，综合防治"的指导方针。以农业防治为基础，以生态、物理防治为手段，引导农户逐步树立"绿色植保理念"，减少农药的使用，如引进硫黄熏蒸发生器、频振式杀虫灯、黄板诱杀、防虫网等技术，实现设施生产绿色蔬菜的目标。

三、怀柔区设施农业高效种植模式概况

近几年，怀柔区设施农业迅速发展，在设施农业生产中推广了一些高产高效种植模式，主要有以下两大类型。

1. 观光采摘型高产高效种植模式

例如在日光温室草莓套种小西瓜种植模式中，在草莓生产后期进行小型礼品西瓜套种，每 667 米^2 产值达到 3 万~5 万元。在日光温室草莓套种鲜食玉米种植模式中，根据市场需求合理安排茬口，在草莓成熟期定植鲜食玉米，每 667 米^2 产值达到 4 万~5 万元。

2. 生产型高产高效种植模式

例如在日光温室越冬茬茄子周年生产栽培模式中，日光温室茄子通过采用整枝换头技术进行周年生产，生产期长达 13 个月，采收期达 9 个月，产值 3 万多元。在日光温室越冬黄瓜一大茬高效栽培模式中，日光温室越冬一大茬黄瓜经过秋末、冬、春和初夏四个时段，全生育期达 250 天以上，采收期可达 170 天以上。

第二章　怀柔区日光温室高效种植模式

一、日光温室草莓套种西瓜（水果玉米）高效栽培模式

随着怀柔区设施面积的增加和种植结构的不断调整，草莓已成为设施农业不可缺少的种植作物。由于日光温室种植草莓收益主要在春节前后，4月后随着温度的升高，草莓的口感也随之变差。因此，为提高设施利用率，增加收入，在草莓生长后期套种小型礼品西瓜（或水果玉米），每667米^{2}收获草莓2 000千克，西瓜900千克（或水果玉米1 900穗），产值达到3万～5万元。

（一）茬口安排

草莓于8月底～9月初开始定植，西瓜于次年1月底～2月初开始播种育苗，3月底定植于草莓垄中。草莓于5月中旬拉秧，西瓜于5月下旬开始采收。同样，若选择套种水果玉米，要于次年1月底开始育苗，2月底定植于草莓垄中，5月开始采收。

（二）主要栽培措施

1. 草莓

草莓属蔷薇科，草莓属，多年生草本。其外观呈心形，色鲜艳粉红，果肉多汁，酸甜适口，芳香宜人，营养丰富，故有"水果皇后"之美誉。因为草莓具有抗病性较强、适应性广、栽培管理容易、效益好等特点，近几年，草莓种植面积逐渐增加。我区

草莓的主要种植方式为促成栽培，草莓果实多在元旦前后开始上市，一直延续到五一前后。利用设施种植草莓是农民致富的重要途径。

冬季生产草莓主要以采摘为主，因此对品质、口感的要求较高。目前，市场上种植的草莓品种类型主要有日系品种、欧美品种和国产品种，日系品种在生产中占主导地位，其次就是以批发为主的个别品种。下文介绍了几种生产中种植面积较大、表现较好的品种。

红颜：日本引入，是以章姬和幸香草莓为亲本杂交育成的优质大果型品种。植株高大，叶片长、嫩绿色。长势旺。单株花序3～5个，花茎粗壮坚硬直立，顶花序8～10朵，次花序5～7朵，授粉和结果性好。果实长圆锥形，顶果略短，圆锥带三角形。果型大而美观。颜色鲜红漂亮，一代顶果最大可达80克以上。果实商品性好，耐贮运，含糖量高，口味佳。丰产性好。此品种在北京地区已大面积推广种植。

枥乙女：日本引入，该品种植株长势旺。叶色深绿，叶大而厚。抗病性较好。属大果型中熟品种。其果呈圆锥形，鲜红色，具光泽，果面平整，外观品质好。果肉淡红，果心红色，果实汁液多，酸甜适口，耐贮运、丰产性好。此品种在生产中有少量种植。

甜查理：美国引入，该品种植株健壮，每株有花序6～8个，每序有花数9～11朵。果实圆锥形，成熟后色泽鲜红，光泽好，美观艳丽。果实硬度大，可溶性固形物含量高达8％～11％，甜脆爽口，香气浓郁，适口性极佳。浆果抗压力较强，耐贮运性好。浆果较大，第一级序果平均重50克，最大果重高达83余克。抗高低温能力强，适于设施促成栽培。此品种在生产中有少量种植。

（1）培育壮苗

①母本的选择。育苗用母株的选择包括两方面条件：一是品

种纯正，符合本品种的优良特性；二是母株健壮，无病毒，无病虫害，有4～5片叶，根系发达的植株。母本株可从上茬育苗圃中繁育的子苗中选取，也可由生产田结果时通过鉴定的优良株再繁殖得到的子苗中选取。

②育苗圃的选择。要选地势较高，便于浇水排水、土地平整、肥沃的地块，早春土壤化冻后及时整地，每667米^{2}施优质圈肥3 000～4 000千克，深耕整平后做成1.2～1.5米宽的平畦。苗地四周开深沟，方便排灌，畦沟相连，要求排水通畅，雨停后不积水。将母株定植于畦中央，株距30～40厘米，每667米^{2}栽苗1 000余株。定植缓苗后，应及时浇水追肥，经常保持土壤的湿润，并做到薄肥勤施，每隔一水追肥1次，追肥以速效氮磷钾复合肥或尿素为主，每667米^{2}施15～20千克，随水追施。另外，还应及时摘除花序，以集中更多的养分促进匍匐茎的大量发生。在匍匐茎陆续发生时，应经常理顺匍匐茎，使之均匀地分布于整个畦面。同时适时压土，促进生根。对杂草和虫害应及早除治。进入8月份以后，匍匐蔓子苗布满床面时，要及时摘除子苗上发生的匍匐茎及病老残叶，依据母株长势，有选择地保留有效子苗，去掉多余的匍匐蔓，控制生长数量，淘汰弱小劣苗，即可培育出壮苗。壮苗标准为具有4～5片展开叶，叶片大而肥厚，色鲜绿，叶柄较短粗，短缩茎粗度（直径）在1厘米以上，有15条以上长于5厘米的根，根色乳白鲜亮，全株鲜重25克以上的幼苗。

③育苗期病虫害防治。草莓育苗期间主要病虫害有：蚜虫、红蜘蛛、白粉病、炭疽病等。在防治中应重点做好炭疽病的防治。

蚜虫：发生时防治，药剂可选用10%吡虫啉可湿性粉剂2 500～3 000倍液或1%阿维菌素可湿性粉剂2 500倍液喷施。

红蜘蛛：发生初期防治，药剂可选用20%哒螨灵可湿性粉剂1 000～2 000倍液或5%噻螨酮4 000～6 000倍液喷雾。

白粉病：5～6 月为发病高峰期，在初发病期应及时进行防治。及时清理植株感病部位，药剂可选用 50%醚菌酯水分散粒剂 3 000 倍液，或 25%乙嘧酚水悬浮剂 800 倍液进行喷施。

炭疽病：5～6 月为植株感病期，8～9 月为发病高峰期。防治方法为：a. 避免土地连作；b. 严格进行土壤消毒；c. 夏季高温时用遮阳网；d. 药剂防治时，发病初期可选用 75%百菌清可湿性粉剂 500 倍液，或 25%嘧菌酯悬浮剂 2 000 倍液，或 50%咪鲜胺可湿性粉剂 1 500 倍液，或 70%代森锰锌可湿性粉剂 500 倍液喷雾防治。7 天左右喷 1 次，连喷 3～4 次，药剂宜轮换使用。尤其注意露地育苗每次雨后需及时喷药防治。

(2) 整地施肥 草莓喜肥，施足有机肥作底肥是丰产的关键，一般每 667 米² 施优质腐熟农家肥不少于 5 000 千克。施用鸡粪效果更好，但必须充分腐熟，施用量也要适当减少。另外还可施入饼肥 100 千克，复合肥 20～30 千克，过磷酸钙 20 千克。肥料均匀撒入温室后，深翻 30 厘米，整细耙平后做畦，温室内栽培要南北走向的高畦，高垄横截面为梯形，下底宽 60 厘米，上宽（垄面宽）40 厘米，沟宽 35 厘米，畦高 20～25 厘米。做畦后若土壤过干，可在定植前 5～6 天浇水造墒，以促进定植后秧苗的成活。

(3) 适时定植 草莓一般于 8 月 20 日到 9 月 10 日之间定植为宜。过早则植株长势过强，过晚影响草莓的产量。定植时每畦栽两行，呈"三角形"定植，行距 20～25 厘米，株距 15～20 厘米，每 667 米² 定植 8 000～10 000 株。栽前要剪除老叶、病叶和匍匐茎，剔除小苗、病弱苗和根系损伤严重的幼苗。在15：00后或阴雨天定植。定植方向应一致，秧苗弓背方向朝外，为便于果实通风透光、疏花疏果、果实着色、垫果及采收。栽植深度以"上不埋心、下不露根"为宜。栽后浇透定植水，定植后一周内每天早上或傍晚各浇一次水，使用喷灌较好。同时用遮阳网遮阴，缓苗后揭掉。

（4）定植后的管理

①扣棚时间：覆盖棚膜的时间是在外界气温达到 8℃左右时进行。保温过早，植株易徒长，保温过晚，植株进入休眠，不能正常结果，从而影响植株的产量。草莓棚膜应选用无滴消雾型聚氯乙烯（PVC）膜，以增加棚内光照，降低棚内湿度，减少病害发生。

②覆盖地膜：覆盖地膜是草莓高产栽培中的一项重要措施。首先，通过覆盖地膜，可以减少土壤水分的蒸发，降低冬季棚室内的湿度，减少病害的发生。其次，覆盖地膜减少了土壤与果实的接触，提高了果实的商品性，还可以减少草害的发生。一般于扣棚 10 天后开始扣地膜，生产中一般使用黑色地膜，覆地膜前先装好滴灌带。

③肥水管理：草莓追肥采取"少量多次"，适氮、增磷钾的原则，及时补充草莓所需要的养分，在肥料品种上以速效性肥为主，肥量和追肥次数依土壤肥力和植株生长发育状况而定。原则上每隔 15～20 天追一次肥水，但 12 月至次年 2 月前，棚内温度较低，可减少浇水追肥次数。2 月中下旬后，随着温度的升高，加强水肥管理，可每 7～15 天追一次肥，肥料可使用草莓专用冲施肥复合肥或其他冲施肥，但为避免后期植株生长过旺，应减少氮肥的使用量，增加磷钾肥的含量。同时，在生长期间，可进行叶面喷肥，如 0.3%～0.5% 的尿素、0.2%～0.3% 的磷酸二氢钾、0.1%～0.3% 的硼酸、0.03% 的硫酸锰、0.01% 的钼酸铵，以提高果实的品质及产量。

一般在保温前和覆地膜时各浇一次水，有滴灌设施的大约每周浇 1 次水，以后结合追肥、植株长势及植株缺水状况等实际情况浇水。

④疏花蔬果：欧美品种以单花序为主，但日系草莓品种每枝花序上的花较多。为保证果实的品质，要进行疏花蔬果，把高级次小花去除，以集中养分促成留下的果实变大、增重。每个植株

保留多少果实，要根据品种的结果能力和植株的健壮程度而定。把高级次的小花小果及部分畸形果摘除掉，并随时把病果摘除带出室外。一般第一花序保留 3～5 个果实。结果后的花序要及时去掉，以促进新花序的抽生。

⑤植株调整：定期去除病叶、老叶和黄叶，减少养分的消耗，改善植株的通风透光，降低病害的发生。摘叶不能过度，否则会影响植株的生长，每株最少不少于 6 片叶。在整个生长过程中及时摘除匍匐茎。

⑥掰芽：草莓在生长中期，长势较强，易产生较多侧芽。为防止养分的流失，保证产量和品质，每株可保留 1～2 个长势健壮的侧芽，其余的侧芽全部掰除。

⑦辅助授粉：草莓属于自花授粉作物，但草莓冬季生产属于反季节栽培，冬季温室内通风较差，因此需采用蜜蜂授粉，提高坐果率，保证丰产。蜜蜂应在草莓开花前一周放入温室内，以便能更好地适应温室的环境。一般每 667 米^2 放蜂 1～2 箱，蜂箱距地面 50 厘米，棚口放风处要上纱网，防治蜜蜂飞出。打药或棚内薰药时要将风口盖严，将蜂箱搬到别的温室，最好在 2 天后再搬回来，以免对蜜蜂产生药害。

⑧保温后的温度管理：保温开始，白天温度初期 28～30℃，最高不超过 35℃，夜间温度 12～15℃，不能低于 8℃；现蕾期白天温度 25～28℃，夜间温度 10～12℃；开花期白天温度 23～25℃，适宜温度 13.8～20.6℃，最低 11.7℃，夜间温度 8～10℃；果实膨大期白天温度 20～25℃，夜间温度 5～8℃。夜温低利于养分积累，促进果实肥大。夜温 10℃以上时植株消耗养分多，影响果实肥大。果实采收期白天温度 20～22℃，夜间温度5～8℃。

(5) 病虫害的防治 草莓主要病害有白粉病、灰霉病、根腐病、芽枯病、炭疽病；虫害主要有蚜虫、白粉虱、红蜘蛛、地老虎。防治原则以"预防为主，综合防治"为主。应结合农业防治、物理防治、生物防治，科学地使用化学防治技术。

农业防治：采用抗病品种，采用合理轮作，使用脱毒种苗。

物理防治：悬挂黄板或蓝板，风口处安装防虫网，阻止虫子的进入。

药剂防治：严格按照标准使用农药，禁止使用高毒、高残留的农药。防治药剂可参照育苗期病虫害的防治方法。

2. 西瓜

西瓜是市场传统的夏季时令水果，但随着人们生活水平的提高和家庭人口数量的减少，西瓜消费正在悄然发生着变化，小型西瓜逐渐受市场热捧，种植面积逐年增加。在市场消费需求的影响下，从 2008 年开始，引进小型西瓜在塑料大棚、日光温室进行配套的试验示范推广工作，5 年来取得了很好的经济效益和社会效益。本书筛选出适宜怀柔地区种植的西瓜品种，并总结出相应的配套技术。

目前主栽品种为"超越梦想"，此品种属于极早熟小型西瓜。该品种全生育期 80 天，成熟期 26～28 天。低温生长性好。果实椭圆形，条带细，外形美观有光泽。易坐果，果实整齐度好。单瓜重 2～2.5 千克。果肉大红色，肉质酥脆，皮薄且韧，不裂瓜，中心含糖量为 14%左右。

(1) 播前准备

营养土配置：营养土用未种过瓜菜的肥沃田土 80%，腐熟优质有机肥 20%左右，过磷酸钙 0.2%，过筛后拌匀。然后进行土壤消毒处理，用 40%福尔马林 100 倍液（用 40%福尔马林 1 千克可消毒 4 000～5 000 千克营养土）喷洒营养土，边喷边拌，用农膜覆盖 2～3 天闷堆消毒，对防治苗期炭疽病、枯萎病、疫病有较好效果。揭膜后露放一周即可装钵，装土标准为营养钵高度的 3/4，钵底土应捣实，而上部则需轻压，做到上松下实，以利出苗。营养钵选用口径为 8～10 厘米的塑料钵。

种子处理：浸种前先晒种 4 小时以上，用 55～60℃温水烫种，不断搅拌，水温降至30℃以下，浸泡6～8小时，以种仁无白心为度，将种子外黏膜搓去，清水洗净，之后可用50％多菌灵500～600倍液浸泡30分钟，然后清水洗净，用湿布包种放入恒温箱（28～32℃）催芽，80％的种子胚根长1～2毫米即可播种。

（2）播种及播种后的田间管理

①播种：播前1天浇透钵土，播种当天用50％多菌灵500倍液喷洒营养钵表土，待水渗下后，在每钵土上部中间戳1个0.5～1厘米深的洞，然后将种子芽尖向下平放在洞内，种面平放在土表，每钵1粒，上覆药土或蛭石1～1.5厘米，及时盖地膜保温，上搭小棚增温。出苗前不必揭膜通风，使床温控制在白天28～32℃，夜间20～25℃，出苗70％后及时揭除地膜，需3～4天。

②苗期管理：出苗后适当降温，白天保持20～25℃，夜间15～18℃，抑制下胚轴伸长，以防"高脚苗"。当第1片真叶出现以后，徒长趋势减弱，适当升温，白天宜在22～26℃，夜间16～18℃，以促进生长。同时改善光照条件，有利于壮苗。移栽前一周逐步降温炼苗，有利于定植后缓苗。水分管理掌握宁干毋湿的原则。出苗前一般不浇水，出苗后苗床宜干不宜湿，要求保持营养土湿润。当钵土现白时，需浇水。浇水应选晴天，并以中午11：00前后为好，用棚内温水喷洒，每次浇水要浇透。

③病虫害防治：苗期及时防治病虫害，在做好种子、营养土、苗床消毒的基础上，及时防治病虫害。可用10％的吡虫啉可湿性粉剂5 000倍液防治蚜虫，可用58％的甲霜灵·锰锌可湿性粉剂500倍液防治猝倒病和疫病。

④壮苗指标：秧苗质量的好坏是形成丰产的关键。植株生长稳健，下胚轴短粗，子叶平展、肥厚；茎、叶粗壮，主茎节间短，叶柄短，叶色浓绿；根系发育适度、表面白嫩；株高12厘

米左右，真叶 3～4 叶，茎粗 0.5 厘米。具备上述标准的瓜苗，移栽定植后的缓苗时间短，恢复生长快。

（3）西瓜定植时间与方法　于 3 月上中旬定植。在西瓜定植前，草莓进行一次采收，之后将西瓜苗定植于草莓垄背上（一行西瓜），株距 50 厘米，2～3 株草莓间隙定植一株西瓜，为了保障草莓后期的生长，避免西瓜给草莓遮阴，造成通风透光性差，采取西瓜隔行种植的方法，每 667 米² 定植株数为 740 株。采用水稳苗的方法定植（先挖栽培坑，浇满水，放苗，覆土）。

（4）定植后的管理

①温度管理：定植西瓜一周内要提高温度，夜间 13～15℃，白天 25～28℃，以利于西瓜的缓苗。一周后，白天温度适当降低，白天 20～25℃，既满足西瓜的生长温度，又利于草莓果实的生长。

②整枝打杈：西瓜采用双蔓整枝，当主蔓长到 45～50 厘米时，开始吊蔓。主蔓向下盘，使侧蔓与主蔓的高度一致，当两条侧蔓上的侧枝长到 15 厘米左右时全部打掉。过早去掉侧枝，抑制根系的发育。每株留 1～2 个瓜，于第二雌花开始授粉，留果节位在 13～16 节之间。坐果后，若植株长势较弱就不闷尖，若长势很旺，坐果后及时闷尖，并在顶端留一侧枝。

③授粉：西瓜采用人工授粉，一般在早晨 8：00～10：30 授粉结实率最高，阴天授粉时间可推迟到上午 9：00～11：00。方法是将当天开放的雄花的花粉均匀涂抹在雌花的柱头上，授粉时用力要轻，以雌花柱头粘上花粉即可，防止损伤柱头。授粉后在瓜纽旁挂牌或采用不同颜色的布条记录授粉日期，根据授粉日期推算西瓜的成熟时间，以免采收到不熟的西瓜，影响品质及农户收益。

④肥水管理：草莓套种小型西瓜，在西瓜膨大期进行浇水追肥，每 667 米² 施复合肥 10～20 千克。另外，用 0.2% 磷酸二氢钾作叶面追肥，每 7～10 天一次，可连喷三次，有利于提高果实

糖分的含量。追肥后 2～3 天要加大通风，防止氨气灼伤茎叶，瓜成熟前 10 天左右停用肥水。其他水肥管理同草莓。

（5）病虫害防治　病害主要以预防为主，保持棚内地面、空气、藤、叶的干燥是关键，要及时摘除病叶。苗期病害主要以猝倒病和立枯病为主，中后期病害主要以蔓枯病、炭疽病、枯萎病、白粉病等为主。可用百菌清、多菌灵·福美双（苗菌敌）、代森锰锌、甲基硫菌灵（甲基托布津）、噁霜·锰锌（杀毒矾）、嘧菌酯（阿米西达）、苯醚甲环唑（世高）等药剂进行防治，具体用法参照说明。一旦发生病害可用上述药剂防治，各种药剂要交替使用。喷药时同草莓一起喷施。

要及时检查和防治虫害。春季主要防治蚜虫，可用吡虫啉防治。

（6）适时采收，确保商品质量　开花授粉后，早熟栽培西瓜经历前期 34～36 天、后期 28～30 天之后，果实即可成熟。

3. 水果玉米

草莓套种水果玉米，能充分利用土地和温光资源，提高单位面积产量和经济效益。同时根据市场需求，合理安排种植茬口，人为控制采收期。水果玉米采用先育苗、后移栽的方法，在草莓成熟期定植。

（1）品种选择　京科甜 183 株型平展，株高 189 厘米。花丝绿色，花药绿色，雄穗分枝 20～25 个。穗位高 60 厘米，单株有效穗数 0.99 个，空秆率 2.49%。穗长 19.2 厘米，穗粗 4.6 厘米，穗行数 12～16 行，秃尖 2.4 厘米，出籽率 63.4%。粒色黄白，粒深 0.9 厘米，鲜籽粒千粒重 315.2 克。自然条件下抗多种病害。抗倒性较好。

（2）田间管理　精细整地，每 667 米² 底施腐熟有机肥 4 000 千克，复合肥 100 千克，过磷酸钙 100 千克。水果玉米拔节时每 667 米² 追施尿素 3.5 千克，硫酸钾 1.5 千克。吐丝期进行人工去除雌穗，每株只留一穗，确保营养集中，提高玉米成穗率。

在草莓生长后期，套种水果玉米。（水果玉米采用营养钵育苗，幼苗长到 3～4 片叶时，选取植株健壮、叶片整齐的幼苗进行移栽，定植在草莓垄中央位置）。水果玉米种植密度为每 667 米^2 1 900 株（行距 90 厘米，株距 40 厘米）。

水果玉米具体种植技术请参考《日光温室水果玉米周年生产高效种植模式》。

(3) 病虫害防治 蚜虫防治药剂可选用 10％吡虫啉可湿性粉剂 2 500～3 000 倍液或 1％阿维菌素可湿性粉剂 2 500 倍液喷施。红蜘蛛发生初期防治，药剂可选用 20％哒螨灵可湿性粉剂 1 000～2 000 倍液或 5％噻螨酮 4 000～6 000 倍液喷雾。

(4) 适时采收 水果玉米平均生育天数 110～120 天，随着定值期的推迟，气温变高，生育天数缩短。因此农户可根据市场需求合理安排种植茬口。

二、日光温室越冬黄瓜一年一大茬高效种植模式

日光温室越冬一年一大茬黄瓜经过秋末、冬、春和初夏四个时节，全生育期达 250 天以上，采收期可达 170 天以上。产品主要供应冬春淡季市场，具有显著的经济效益和社会效益，是我区日光温室蔬菜生产中的主要种植模式之一。

由于这茬黄瓜生育期较长，期间外界气温由高到低，再由低到高，光照强弱、时间长短也发生较大变化，特别是从定植到盛瓜期，基本处于低温寡照，所以这茬黄瓜的栽培，在带给生产者高产量、高收益的同时，也相应地增加了生产难度和投入风险，这一点应引起生产者足够的重视。为提高栽培成功率，减少损失，目前生产上推广应用的嫁接栽培、滴灌、防寒保温措施以及病虫害综合防治等配套技术，也主要是用于日光温室黄瓜越冬一大茬的栽培。

（一）选择保温性能好的日光温室

要搞好越冬黄瓜一大茬栽培，必须选好日光温室。日光温室性能的好坏直接影响黄瓜是否能够安全越冬。日光温室要具有以下性能：冬季日光温室最低温度多数时间能保证在 8℃ 以上，采光性能好，保温性能强，整体结构坚固，便于操作管理。

（二）做好防寒保温措施

在冬季生产中，还要采取以下保温措施，确保植株安全越冬。

①采用防老化、保温性能好、防尘效果良好、无滴性能好的聚氯乙烯棚膜。

②设置防寒沟。在日光温室外面前屋面底脚处挖深 50 厘米，宽 30 厘米防寒沟，可减少温室内土壤的横向传热。

③加厚覆盖物。如用草苫覆盖的，每块草苫重量均在 70 千克以上并双层覆盖，在雨雪天气及气温比较低时，在草苫外盖旧棚膜，保温效果好于单层盖草苫；利用保温被做保温覆盖的，保温被厚度均在 2 厘米以上、单位质量达 1.2 千克/米^2；对于保温被厚度在 1.5 厘米以下的，采用了保温被下面加一层由 4 层牛皮纸做成的纸被或覆盖双层保温被以提高冬季的夜间保温能力。

④后墙张挂聚酯镀铝反光幕，改善室内光强和光分布。

⑤在温室前部底脚张挂塑料裙帘，在温室出入口内侧张挂阻风塑帘（高度 1.5 米左右）。

⑥临时增温设备等也要一应俱全。

⑦增加墙体厚度。对于温室墙体厚度小于 60 厘米的，可根据经济条件及当地资源采取不同措施增加墙体厚度。一是在温室北墙外侧贴 10 厘米厚聚苯保温板，保温板外贴石棉瓦或抹水泥，使苯板与墙体结合紧密。二是利用当地的玉米秸秆资源，将秸秆打捆贴在后墙外面，厚度为 15 厘米左右，用废旧棚膜包紧固定在后墙上。

（三）品种选择

日光温室黄瓜一大茬栽培的品种应选用具有既耐低温寡照又耐高温高湿，第一雌花节位低，结瓜能力强，瓜码密，品质优，抗病，丰产等特点的品种。砧木品种应选择亲和性好，经嫁接后生根多、坐瓜多、抗重茬，耐低温和耐热干旱，脱蜡粉能力强，抗病等综合性状好的品种。生产上常用的品种有：

①中农 26：该品种耐低温弱光，抗病，生长势较强，连续坐果能力强，回头瓜多。瓜色深绿，瓜长约 30 厘米，瓜把短，刺瘤密。

②津优 35：该品种耐低温弱光能力强，抗病性强，早熟，植株长势中等，主蔓结瓜为主，瓜码密，回头瓜多，瓜条生长速度快，丰产潜力大。

③中密 12：该品种长势健壮，节间短，强雌性，主蔓结瓜为主，连续结瓜能力强，瓜条棒状、把短，瓜长 30 厘米左右。

④北农亮砧：该砧木与黄瓜嫁接亲和性好、成活率高，有提高黄瓜抗枯萎病能力和增加产量的效果，尤其是对嫁接黄瓜果实的表皮具有很强的脱蜡粉能力，使黄瓜皮色鲜绿光亮，可明显地提高黄瓜的商品性。同时可以提高黄瓜果实中可溶性糖和维生素 C 含量，降低单宁和亚硝酸盐含量，适于秋冬季及春季保护地黄瓜嫁接栽培。

（四）嫁接育苗

由于日光温室黄瓜越冬一大茬栽培的生产周期长达 8～9 个月，为提高根系抗逆性、强化吸收功能，采用嫁接换根技术，培育嫁接适龄壮苗是实现黄瓜丰产的基础。嫁接育苗不仅可以预防土传病害，还能提高黄瓜整体抗低温能力，同时利用脱蜡粉砧木，还可以提高黄瓜的商品性。

目前，生产中用种量一般为每 667 米^2 接穗黄瓜 150～200

克，砧木品种 1 500～2 000 克，其具体方法是：

1. 营养土配制

营养土的质量与秧苗的生长发育优劣密切相关，一般要求营养土的土质要疏松肥沃、细致、养分充足，pH6.5～7.0，且未种植过黄瓜等葫芦科蔬菜的土壤为宜。生产上多采用肥沃园田土5～6 份，优质腐熟粪肥 4～5 份，并配以速效性肥料，每立方米营养土加磷酸二铵 0.5 千克＋过磷酸钙 2 千克＋氯化钾 1 千克，或磷酸二铵 0.5 千克＋硫酸钾 1 千克，然后混匀过筛。注意不可掺入碳酸氢铵或尿素。如果园田土较黏重，可酌情加入 2～4 份腐熟马粪或腐熟麦糠或少量炉灰渣。营养土中最好不掺入鸡粪，因鸡粪含肥料浓度高，使用时易烧苗或诱发微量元素缺乏。也可采用配置好的营养土，直接装盘育苗。

2. 装钵

可用 8 厘米×8 厘米或 10 厘米×10 厘米的营养钵育苗，内装 10 厘米营养土并做适当镇压。为不使营养土散落，可用喷壶适当喷些水，以增加土壤湿度。然后装钵并摆放在事先打好的育苗畦内，缝隙用细土弥严。育苗畦为南北向，长约 2 米，宽1.0～1.1 米，深 0.20～0.25 米。苗床摆满后浇透水扣日光温室膜提温，以备嫁接后移苗。

3. 浸种催芽

黄瓜种子的催芽方法：在播种前需对种子进行温烫浸种，方法是先将种子作适当晾晒，然后将种子放入 55℃的热水（两份开水兑一份凉水）中，并用小木棍不停搅动，10 分钟后当水温降到 30℃时，再浸泡 4～6 小时，之后捞出反复清洗，搓去黏液。再用湿纱布包好，置于 25～30℃的地方催芽，每隔 4～5 小时用清水冲洗 1 次，因此时气温较高，一般经 12～18 个小时，当有 50%～70%的种子发芽后即可播种。南瓜种子的催芽方法：将种子投入到 60～70℃热水中不断搅动，水温降到 30℃时，搓洗种皮上的黏液，于 30℃温水中浸泡 6～8 小时后，沥净水分，在 12～14℃下晾种 10 小时后，在 30℃恒温条件下催芽，发芽率达到 80％时即可播种。

4. 播种

一般于 9 月中下旬播种，接穗可选择在育苗床或育苗盘内播种，育苗床营养土厚 3～5 厘米，浇透水以备播种。砧木采用营养钵育苗，播种后可覆营养土或蛭石 1.5 厘米左右。播种后幼苗出土前，温室内温度可保持在 25～30℃，5～7 天后，70％幼苗出土，子叶展平时，要加大放风量，适当降低室温，保持白天 25℃，夜间 17℃左右，防止幼苗徒长。徒长苗会给日后的嫁接带来一系列问题，如南瓜幼苗出现徒长后，往往加剧髓部的中空，导致愈合面积减小，降低嫁接成活率。

5. 嫁接

采用贴接方法进行嫁接。当砧木第一片真叶直径 2 厘米左右，接穗子叶平展、真叶未吐心或刚吐心时为嫁接适期。首先削切砧木，即从砧木苗顶部紧靠一片子叶基部，用刀片呈 30°～45°角由上向下斜切，将另一片子叶连同生长点及腋芽一起切掉；其次是削切接穗，在子叶下方 1～1.5 厘米处使刀片平行于子叶自上而下斜切，角度 30°～45°左右；最后是嫁接，即将切好的接穗苗和砧木苗切面对齐、对正，用嫁接夹固定牢固即可。

嫁接后，将苗逐一码放在育苗畦内，浇透水，浇水时尽量不要触及接口。育苗畦上加设塑料小拱棚，主要是白天保湿、遮光（覆盖遮阴物），夜间保温，以促进切口愈合，提高成活率。

6. 嫁接苗管理

嫁接前 3 天，小拱棚内的白天温度应保持在 25～30℃，夜间温度应在 20～25℃，地温 20℃以上。相对湿度 90％～95％，以膜上常有水滴为宜。当小拱棚内比较干燥时，可选择在上午用喷雾器喷水 2～3 次，以保持空气湿度。喷水时可结合喷肥、喷药（1％白糖＋0.55％尿素＋75％百菌清 500 倍液）防病菌侵入。

10∶00～16∶00用草帘或遮阳网遮光，防止嫁接苗蒸腾萎蔫。3天以后逐渐降低温湿度，白天22～25℃，夜间15～17℃，相对湿度降至70%～80%并逐渐增加光照，7天左右黄瓜新叶开始萌发，可逐渐去掉覆盖。

（五）定植

1. 定植前的准备

由于栽培周期长，若想获得黄瓜的优质高产，遵循施肥三原则十分必要：a. 以施足底肥为主，追肥为辅；b. 以腐熟细碎的有机肥为主，化肥为辅；c. 以根施为主，叶面喷施为辅。结合整地，每667米^{2}施充分腐熟过筛有机肥（圈肥、鸡粪或牛粪等）8 000～10 000千克，磷酸二铵或过磷酸钙50千克，硫酸钾30千克，充分混合、整平，做成1.3米宽的瓦垄畦，其中大行垄距75厘米，小行垄距55厘米，垄高12～15厘米。

2. 适期定植是保证较长收获期获取高产的关键

日光温室黄瓜越冬一大茬栽培的苗龄期，一般嫁接日历苗龄在45天左右，即10月下旬至11月初定植，生理苗龄3～4片真叶。定植宜选择在晴天的上午进行。定植时应首先选择和使用健壮的大苗，边起苗边取掉外面的营养钵，尽量保持土坨完整，减少根系损伤，定植株距28～30厘米，水稳苗定植。定植不宜过深，嫁接部位应与地面保持1～2厘米的距离，防止黄瓜在定植以后再生不定根，为保险起见嫁接夹可暂不去掉，一般每667米^{2}栽苗3 500株左右。定植后，每垄铺设一条滴灌带。

3. 缓苗至根瓜采收前的管理

黄瓜定植后7天内，随着外界气温的降低，要特别注意保持室内较高温度，白天以28～30℃为宜，夜间不低于18℃。可进行一次中耕，缓苗至根瓜采收前原则上不浇水。7天后心叶开始萌发，表明缓苗结束。为不影响茎蔓的正常生长，此时可将嫁接夹去掉。黄瓜缓苗后10～20天可进行一次叶面喷肥，如0.2%

的磷酸二氢钾及其他叶面肥，其间在垄背两侧再进行 2～3 次中耕，深度 10～15 厘米，由深至浅，范围由近至远，做到浅锄背深锄沟，目的是在加强土壤通透性，促进生根的同时，还要尽量减少伤根。中耕结束后 10 天左右开始铺设地膜（地膜不宜铺设过早），即在每个 50 厘米的小垄背间铺设一层地膜，采用从膜两侧划口方式进行，地膜绷紧，两边用土埋实，地膜与地面在垄背中间形成中空，以利于以后膜下暗浇水。铺设地膜既可以提高地温，保持土壤湿度，同时又可以控制土壤水分向室内空气蒸发，降低空气相对湿度，减少病害的发生。当黄瓜茎蔓长度达到 50 厘米左右，十余片叶时，开始用尼龙绳吊蔓，以合理调整茎蔓的生长。为达到预防黄瓜霜霉病、灰霉病、白粉病等真菌病害发生的目的，从此时开始每隔 20 天左右，采用百菌清、腐霉利（速克灵）烟雾剂于下午回苫后熏蒸。

（六）采收期管理

日光温室黄瓜越冬一大茬栽培的采收，以根瓜采摘为起点，以黄瓜拉秧为结束。连续采摘、陆续上市的过程历时 180 天左右，时间占到黄瓜整个生育期的 85% 以上，这期间的主要任务是通过一系列人为操作，调控好光、温、气、水、肥等外界条件因素，使其有利于黄瓜的营养生长（茎蔓、叶片的生长）与生殖生长（开花、结果）协调进行，同步发展，实现丰产丰收。

1. 光照管理

良好的光照条件不仅可以有效提高室内的地温及气温，满足黄瓜生长发育对温度的需要，更重要的是它为光合作用的正常进行提供了强有力的能源保证，只有在光的作用下，二氧化碳和水才能在叶绿体内转化成光合产物——碳水化合物。"万物生长靠太阳"就是这个道理。前面所介绍的优型日光温室的设计，其中参考的一个重要方面就是采光性能。一般来讲，在正常年份，如果采用了优型日光温室，黄瓜越冬生产对光的需求可基本得到满足。

黄瓜虽具有一定的耐阴性，但它同时也表现出一定的喜光性。因此，在保证室内温度的前提下，日光温室的草苫宜早掀晚回，并及时清扫塑料薄膜表面的灰尘及杂物，以减少遮光，增加透光。另外，有条件的地方可采用人造光源，如阳光灯、汞灯，也可在温室的后墙上张挂反光幕，以改善温室中后部的光照，从而增加黄瓜产量。

日光温室黄瓜冬春季生产中极易出现连续阴天，对用药与阴天见光管理要加以关注。黄瓜生产遇到阴天有时也要用药防控病虫害，但首先考虑使用烟雾剂，如果需要喷雾防治，要参考天气预报决定何时预防，可抓住多云天气或阴天中午 1～2 小时温度达到 20℃时进行喷药。阴雪天因害怕瓜秧受冷不揭开外覆盖材料，但要充分利用散射光，一般在午间拉开草苫使植株见光 2 小时。

2. 温度与通风管理

日光温室黄瓜深冬一大茬栽培的温度控制与通风换气两者密不可分。首先，在低温季节，为提高室温，应有意识减少通风换气来保持室内温度。而在中后期随着外界气温的升高，又需通过加大放风手段来降低较高的室温。另外，通风换气不仅可降低室内空气相对湿度，降低病害发生的概率，而且还可向室内及时补充外界的二氧化碳气体，保持室内的空气流动，提高光合作用水平，增加雌花数量。

在黄瓜的采收期内，白天的温度一般应保持在 25～28℃，超过 30℃时需加大放风量，夜间温度保持在 16～20℃，其中前半夜的温度要高于后半夜。试验表明黄瓜叶片在白天所制造的养分只能有 1/4 输送到根、茎和果实当中，而 3/4 的养分需要在夜间输送，所以适当提高前半夜的温度有利于叶片养分的运输，后半夜降低温度则有利于降低呼吸强度，减少养分呼吸消耗。同时，适宜的昼夜温差（10℃左右）也对黄瓜今后的花芽分化和增加有效雌花数目非常有利。另外，阴天低温季节宜将温度保持在适温的低限。反之，晴天外界温度升高时，在土壤湿度较大的情况下，白天温度可适当提高到 30℃左右。

3. 水肥管理

日光温室黄瓜越冬一大茬栽培的水肥管理一般分为四个阶段。第一阶段从定植缓苗到根瓜膨大前，10 天左右（即 11 月中旬至下旬）此阶段结合中耕，以蹲苗控秧保根瓜为主。一般不浇水，防止高温高湿形成徒长苗，同时也要防止蹲苗过度形成"花打顶"，一般说来以植株中午时稍萎蔫至 15：00～16：00 点恢复正常为适宜，否则需适当补水。第二阶段从根瓜开始膨大到盛瓜前期，约 30 天（即 12 月份）。缓苗后 10 天左右，当根瓜大部分坐住，瓜把明显发亮，瓜身开始伸长变粗时，开始浇第一水，以后根据根瓜及其以上幼瓜的坐瓜情况，每隔 7～10 天浇一水，膜下暗浇或使用滴灌带，水量不宜过大，隔 1～2 水随水追肥一次，追肥采用充分腐熟的粪肥和氮磷钾速效复合肥或滴灌用的水溶性肥料，交替使用，每次腐熟的粪肥 15 千克、速效复合肥 5～10千克。每隔 20 天左右进行叶面喷肥 2～3 次，如 0.2％的磷酸二氢钾加 1％～2％白糖，或喷施其他叶面肥，以进一步增加植株营养，提高抗寒力。第三阶段从盛瓜前期至盛瓜期，120～150天，即 1～4（或 5）月。此期间的黄瓜产量占总产量的 80％以上，加强水肥管理，保持瓜与秧的协调生长对延长黄瓜盛瓜期的时间，提高黄瓜总产量都有十分重要的意义。盛瓜前期也叫结果初期，即 12 月至次年 1 月底，因此时植株生长速率及产瓜数量，均处在由慢到快、由少到多的上升阶段，且此时外界温度也是一年当中最低的，可减少或不进行浇水、追肥，如浇水一定要注意天气变化，浇水施肥宜选择在连续晴天的上午进行，切忌阴天浇水。进入 2 月份，立春后气温逐渐回升，黄瓜植株生长将明显加快，产瓜数量增多，浇水施肥数量要明显增加，必要时可 5 天左右浇一水，隔 1 水随水追肥 1 次，每次追施腐熟粪肥 50～100 千克、速效复合肥 15～20 千克，同时逐渐加大放风，保持室内通风换气质量。第四阶段从结瓜后期到黄瓜拉秧，即 6 月上中旬到 7 月上旬，结瓜数量和质量随之下降，应减少浇水次数及浇水量，可 10 天左右浇一水，浇水时不必再追肥。

4. 植株调整

日光温室黄瓜越冬一大茬栽培所采用的品种一般为早熟品种，以主蔓结瓜为主，对嫁接后接穗及砧木所萌发出的侧芽及时清除。黄瓜植株采用尼龙绳吊蔓后，为利于前后采光，缠蔓时靠近温室前部的黄瓜植株尽量压低，后部的尽量抬高，对过多的卷须、雄花和雌花，也应及时摘除以减少养分消耗。在黄瓜茎蔓长至 2～2.2 米时开始放蔓盘秧，同时摘除靠下部分的老叶和病残叶，使黄瓜茎蔓始终保持 13 片左右的功能叶片，高度 1.5～1.8 米，一般整个生育期要落秧 4～5 次。采用落蔓夹进行落秧，每株用两个落蔓夹，其中，根据植株的长势，随时调整夹子的位置。使用落蔓夹不仅可提高落秧速度，同时也减小了落秧造成的植株损伤。

5. 采收

在黄瓜根瓜花芽分化时，由于受自身营养供应所限，花芽分化质量不会太好，所以根瓜长相也较差，表现为个体小、易畸形。因此，生产上要在保证上部瓜坐稳，在植株不表现疯秧徒长的情况下宜及早采摘根瓜。根瓜以上部位瓜的采收，要在瓜充分膨大定个后进行，过早采收，单瓜重量低影响产量；过晚则瓜条顶尖变黄，瓜身出现黄线时，将大大消耗植株营养，严重时造成植株的早衰，这些在实际生产当中应引起注意。6 月中旬前后，根据黄瓜植株长势、市场效益情况和下茬安排确定拉秧时间。一般此茬黄瓜的植株可达到 60～70 节；茎蔓总长 6.0～6.5 米，平均单株结瓜 20～30 条，平均单瓜重 150 克左右，平均单株产量 3.4 千克，总产达到 12 000 千克左右。

（七）病虫害防治

坚持"预防为主，综合防治"的植保方针，把病虫害控制在较低发生水平，是搞好日光温室黄瓜深冬一大茬栽培病虫害防治的关键所在，也是实现无公害生产的重要保证。病害的发生及侵染过程，需经历病原菌与寄主的接触、侵入、潜育、发病四个阶段。目前，生产上所采取的系列综合配套栽培措施，适时使用各种烟雾剂、熏蒸剂的目的都是针对前两个阶段而言。除此之外，还应根据不同病虫害的发生时期及规律，及早发现中心病株，有针对性地做好主要病虫害的防治工作，把病虫危害控制在萌芽状态。此茬黄瓜的主要病害包括黄瓜霜霉病、灰霉病、炭疽病、白粉病、疫病、枯萎病、蔓枯病等，主要虫害包括温室白粉虱、瓜蚜、黄守瓜等。

1. 霜霉病

黄瓜霜霉病俗称跑马干、"黑毛"，是黄瓜栽培中最常见的病害，其特点是来势凶猛、传播快、危害大，一两周内即可使整个温室的黄瓜拉秧。该病主要危害叶片，幼苗发病叶片变黄，之后全株枯死。成株发病多从下部叶片开始，感病后叶片初期呈现水渍状斑点，后出现不均匀褪绿变黄，因受叶脉限制病斑呈现多角形，在潮湿时背面形成黑色霉层，后期病叶干枯易碎，严重时黄瓜植株一片枯黄，提前拉秧。该病原菌为真菌属鞭毛菌亚门假霜霉菌属，为专性寄生菌，可常年寄生于寄主植物上，成为初侵染源。高温高湿 20～26℃，空气相对湿度达 85％以上有利于病害的发生及流行。

霜霉病主要化学防治药剂：可用 25％甲霜灵（瑞毒霉）可湿性粉剂800～1 000 倍液，75％百菌清可湿性粉剂 600 倍液，70％代森锰锌可湿性粉剂 500 倍液，40％三乙膦酸铝（乙磷铝）可湿性粉剂 200 倍液，25％甲霜灵·锰锌（瑞毒霉锰锌）可湿性粉剂 400～600 倍液，64％噁霜·锰锌（杀毒矾）或甲霜灵·猛锌（雷多米尔）、精甲霜灵·锰锌（金雷）可湿性粉剂 500～600 倍液，隔 7～10 天喷 1 次，连喷 2～3 次，注意交替用药。喷药时要求叶片正反面均要喷匀。

2. 细菌性角斑病

该病主要危害叶片、茎蔓及瓜条。幼苗发病子叶上出现水渍状近圆形凹陷病斑，后变褐枯死。成株发病多从叶片开始，感病后叶片最初呈现水渍状小斑点，后变成淡黄褐色，翻过叶片见叶背面，因发病受叶脉限制病斑呈现多角形，这一点同霜霉病极为相似。但两种病害也有所区别，一是在潮湿时背面形成的不是黑色霉层，而是白色或乳白色菌脓；二是干燥时病叶中部易开裂形成穿孔，且发病速度较霜霉病慢。在茎蔓及瓜条上病斑初期出现水渍状凹陷病斑，严重时出现溃疡和裂口，并有菌脓溢出，干枯后呈乳白色，中部多生裂纹。在果实上病斑向内伸展到种子，可造成种子带菌。该病原菌为假单孢杆菌，属于细菌，病原菌以种子或土壤中的病残体为寄主成为初侵染源。在室温 22～28℃，空气相对湿度达 70% 以上有利于病害的发生及流行。

细菌性角斑病主要化学防治药剂：农用链霉素或硫酸链霉素 4 000～5 000 倍液，链霉素·土霉素（新植霉素）4 000～5 000 倍液，或 47% 春雷·王铜可湿性粉剂 700 倍液，或 77% 氢氧化铜可湿性微粒粉 500 倍液，或 30%DT 杀菌剂 500 倍液，隔 7～10 天喷 1 次，连喷 2～3 次，注意交替用药，并做到叶片正反面均要喷到。另外，也可将黄瓜种子用农用链霉素 500 倍液浸种 24 小时。

3. 灰霉病

该病主要危害开败的花及幼果，受害部位由先端腐烂并长出淡灰色的霉层，带菌的烂花、烂果掉到叶片及茎蔓上，将引起叶片形成边缘清晰的较大枯黄病斑，潮湿时着生出淡灰色的霉层；在茎蔓上则引起茎蔓的腐烂，严重时茎蔓折断，整株死亡。该病原菌为真菌属半知菌亚门灰葡萄孢菌，腐生性较强，可在土壤当中的病残植株体上生存，成为初侵染源。该病原菌在高湿和室温

20～28℃时易发生及流行。在防治上应特别注意及时摘除病残花、果、叶，保持栽培床内无干枝枯叶。

灰霉病主要化学防治药剂：50％腐霉利（速克灵）可湿性粉剂 1 500～2 000 倍液，50％多菌灵可湿性粉剂 500 倍液，40％菌核净可湿性粉剂 1 000～1 500 倍液，50％甲基硫菌灵（甲基托布津）可湿性粉剂 500 倍液，隔 7～10 天喷 1 次，连喷 2～3 次，重点是易发病的雌花及幼果。

4. 炭疽病

植株的叶、茎、果均可感染受害。幼苗时多发生在子叶边缘，初期呈半圆形水渍状，渐由淡黄变成褐色，稍凹陷，潮湿时长出粉红色枯状物，发病后幼苗茎基部则表现变褐、缢缩、倒伏。成株叶片上初期呈水渍状小点，后呈红褐色近圆形病斑，直径 1～2 厘米，上着生许多小黑点，干燥时病斑开裂穿孔，潮湿时可渗出粉红色黏状物，严重时整叶干枯。茎及瓜条受害后，初期呈水渍状小斑点，后呈褐色凹陷斑，上面着生许多小黑点，高湿时可渗出粉红色黏状物。该病原菌为真菌属半知菌亚门刺盘孢菌，腐生性较强，它可以以菌丝体和拟菌核的形式，随病残体在土壤当中存活，也可在种皮上生存，并成为初侵染源。在空气相对湿度达 85％以上，室内温度在 25℃左右时，有利于病害的发生及流行。

炭疽病主要化学防治药剂：发病初期及时摘除病叶，喷洒 75％百菌清可湿性粉剂 500 倍液，50％多菌灵可湿性粉剂 500 倍液，50％甲基硫菌灵（甲基托布津）可湿性粉剂 500 倍液，70％代森锰锌可湿性粉剂 400 倍液，或 50％甲基硫菌灵（甲基托布津）可湿性粉剂 1 000 倍液＋75％百菌清可湿性粉剂 1 000 倍液，或 50％多菌灵可湿性粉剂 1 000 倍液＋75％百菌清可湿性粉剂 1 000 倍液，10％苯醚甲环唑水分散性颗粒剂 1 000～1 500 倍液，隔 7～10 天喷 1 次，连喷 3～4 次。

5. 白粉病

该病主要危害叶片，茎、果则较少危害。发病初期在叶的正面或背面产生白色近圆形小粉斑，其后白色粉状物向四周扩展，边缘不明显，严重时整个叶片布满白粉。发病后期白色粉斑变为灰色，生出许多黑褐色小颗粒。该病原菌为真菌属半知菌亚门单丝壳白粉菌，为专性寄生菌，可常年寄生于寄主植物上，成为初侵染源。该病原菌的发病适温在20～25℃，而对空气相对湿度要求不严格，在25%左右的空气相对湿度条件下，病害仍然发生及流行。

白粉病主要化学防治药剂：30%氟菌唑可湿性粉剂1 500～2 000倍液，75%百菌清可湿性粉剂600倍液，50%多菌灵可湿性粉剂500倍液，50%硫菌灵（托布津）可湿性粉剂500倍液，15%三唑酮（粉锈宁）可湿性粉剂2 000倍液，10%苯醚甲环唑（世高）水分散性颗粒剂2 000倍液，隔7～10天喷1次，连喷3～4次，注意叶片正反面均要喷到。

6. 疫病

该病对叶、茎、果均可造成危害。幼苗发病多从嫩尖生长点开始，发病初期呈暗绿色水渍状萎蔫，其后逐渐干枯呈秃尖状，不倒伏。成株叶、茎、果均可受害，但最易发病的部位是茎基部。在茎基部（靠近土壤处）发病初期呈暗绿色水渍状，后缢缩，整个植株萎蔫，维管束不变色，潮湿时表面生出稀疏的白霉，迅速腐烂，散发出腥臭味，在其他嫩茎节部也表现同样症状。在叶片上初呈圆形或不规则形暗绿色水渍状大病斑，2～3厘米，后迅速扩展，边缘不明显，干燥时呈青白色，易破碎，病斑发展到叶柄处叶片下垂萎蔫。瓜条受害初呈暗绿色水渍状凹陷斑，湿度大时很快软腐，表面生出稀疏的白霉，迅速腐烂，散发出腥臭味。该病原菌为真菌属鞭毛菌亚门疫霉菌，极易变异，小种较多，主要以菌丝体、卵孢子形式附着在植物病残体上，也可种子带菌，成为初侵染源。高温高湿，温度28～30℃，空气相对湿度达80%以上有利于病害的发生及流行。

疫病主要化学防治药剂：25%甲霜灵（瑞毒霉）可湿性粉剂

800～1 000 倍液，75％百菌清可湿性粉剂 600 倍液，70％代森锰锌可湿性粉剂 500 倍液，25％甲霜·锰锌（瑞毒霉锰锌）可湿性粉剂 400～600 倍液，64％噁霜·锰锌（杀毒矾）、精甲霜灵·锰锌（金雷）可湿性粉剂 500～600 倍液，隔 7～10 天喷 1 次，连喷 2～3 次，注意交替用药，喷药时不要忽视茎基部。

7. 枯萎病

枯萎病又称萎蔫病、蔓割病。一般经过嫁接育苗的黄瓜不易感染此病，该病多发生在未经过嫁接的自根黄瓜苗上。在黄瓜植株进入结瓜前期，个别植株的部分叶片表现中午萎蔫，似缺水状，早晚又恢复正常，萎蔫现象越来越严重，直至整株枯死，茎基部先呈水渍状，后缢缩逐渐干枯，常纵裂。它不同于黄瓜疫病的是，黄瓜茎的维管束变褐，潮湿时表面生出粉红色霉状物。幼苗受害表现为整株萎蔫枯死，茎基部先呈水渍状，后缢缩形成猝倒，这一点也有别于黄瓜疫病。该病原菌为真菌属半知菌亚门镰刀霉菌，为弱寄生强腐生菌，以厚垣孢子或菌核形式附着在土壤植物病残体上，或以种子形式带菌，成为初侵染源。发病适温 20～25℃，空气相对湿度达 90％以上，大水漫灌或排水不良有利于病害的发生及流行。

枯萎病的主要化学防治药剂：发病初期及时用 50％多菌灵可湿性粉剂 500 倍液，50％甲基硫菌灵（甲基托布津）可湿性粉剂 500 倍液，或 30％DT 杀菌剂 350 倍液灌根，每株用药液 0.25 千克左右，隔 7～10 天灌 1 次，连灌 2～3 次。

8. 蔓枯病

该病主要危害叶片及茎蔓。叶面病斑近圆形，直径 1～3 厘米，有的病斑自叶缘向内发展呈半圆或"V"字形，颜色淡褐或黄褐色，上面生出许多黑色小颗粒。病斑轮纹不明显，后期易破碎。茎蔓上多出现在节间部，病斑呈椭圆形或梭形，黄褐色，有时溢出琥珀色的胶状物，但维管束不变色，也不会全株枯死，这一点也有别于黄瓜枯萎病。该病原菌为真菌属子囊菌亚门甜瓜球腔菌，以分生孢子器、子囊壳的形式附着在植物病残体上生存，成为初侵染源。温度 23～28℃，空气相对湿度达 80％以上，有利于病害的发生及流行。

蔓枯病主要化学防治药剂：75％百菌清可湿性粉剂 600 倍液，70％代森锰锌可湿性粉剂 500 倍液，50％多菌灵可湿性粉剂 500 倍液或 50％硫菌灵（托布津）可湿性粉剂 500 倍液，每隔 7～10 天喷 1 次，连喷 3～4 次，注意交替用药，以后视病情决定是否再用药。

9. 温室白粉虱

温室白粉虱俗称小白蛾，属同翅目粉虱科。主要在华北、东北及西北地区危害冬春日光温室、塑料大棚等设施瓜类、茄果类、豆类等蔬菜。该害虫成虫体长 1～1.5 毫米，呈淡黄色，翅面覆盖白蜡粉。卵长约 0.2 毫米，侧面看为椭圆形。卵柄从叶背气孔插入植物组织中，颜色从淡黄变至褐色，再到黑色而孵化成若虫。若虫经过伪蛹阶段羽化成成虫。温室白粉虱的发育历程、成虫寿命、产卵数量等均与温度有密切的关系。成虫活动最适温度为 25～30℃，当温度超过 40℃时，其活动能力显著下降。温室白粉虱食性极杂，成虫及若虫群居叶背吸食汁液，干扰和破坏叶片正常的光合作用和呼吸作用，使叶片褪绿，变黄、萎蔫，严重时全株枯死；同时，该虫还可分泌蜜露，诱发煤污病的发生，进而对黄瓜造成更大的危害。

防治温室白粉虱，应以预防为主，综合防治。温室白粉虱主要化学防治药剂有：25％噻虫嗪（阿克泰）水分散颗粒剂 5 000～8 000 倍液，或 1.8％阿维菌素（阿克虱）乳油 2 000～3 000倍液，或 25％吡虫啉（蚜虱一遍净）可湿性粉剂 2 500～3 000倍液，或 2.5％氟氯氰菊酯（功夫）乳油 5 000 倍液，或 10％噻嗪酮（扑虱灵）乳油 1 000 倍液，另外，也可每 667 米² 用唑蚜威（灭蚜灵）烟剂 350 克。除化学药剂防治外，还可以采用农业综合防治措施：前茬栽种白粉虱不喜欢食用的十字花科、伞形花科蔬菜，如油菜、白菜、芹菜、茴香等，也可在温室白粉虱发生初期，在温室内悬挂黄板进行防治。

温室黄瓜地下害虫造成的危害也不可忽视。地下害虫是指以主要咬食种芽或地下根茎为主的害虫，包括蛴螬、蝼蛄和地蛆。如发现蛴螬、蝼蛄和地蛆为害，要及时用辛硫磷或敌敌畏灌根，蛴螬可在早晨从受害植株下挖出，人工捕杀。蝼蛄可用马粪诱杀或用毒饵（90％敌百虫 150 克兑水 30 倍，拌炒麦麸 5 千克，制成毒饵，每隔 3～4 米挖一小坑埋下。

三、日光温室茄子周年生产高效种植模式

为提高土地利用率，克服重茬，延长采收期，增加单位面积产量，获得较高的经济效益，日光温室茄子采用整枝换头技术进行周年生产，既节约了劳动成本，省时、省工、早上市，又获得了高产、高效。

（一）茬口安排

7 月中旬播种，11 月中旬开始采收，截至次年 8 月中下旬结束，生产期长达 13 个月，采收期达 9 个月，每 667 米^2 生产约 16 000 千克，产值 3 万元左右。

（二）温室的选择

茄子是喜温蔬菜，进行日光温室越冬茬栽培，开花结果阶段正是严寒季节，低温胁迫是主要逆境。为保障越冬日光温室茄子顺利生产，要选择保温性能好的温室进行种植，同时在冬季加强防寒保温措施。

（三）棚膜的选择

茄子喜温喜光，在果实着色时尤其要求充足的阳光。光照不

足着色不好，影响商品价格。可选择聚乙烯膜或茄子专用膜，同时膜要具有防老化、流滴性好、不易吸尘、易于清洁采光等特点，最重要的一点是紫外线能通过，使茄子果实着色好，商品率高。因此茄子在日光温室中栽培切记不要使用聚氯乙烯膜，否则茄子果皮呈白色，失去商品价值。

（四）品种的选择

品种的选择是取得高产的重要保证。好的品种首先要在果形、颜色上符合目标市场要求，其次是能抗病、耐低温、耐弱光、易坐果、适宜日光温室越冬栽培。如紫圆茄京茄 1 号圆茄、京茄 5 号圆茄；再者是品种自身应该有较好的自我修复能力。

（五）育苗

1. 种子处理

砧木比接穗播种提前 25～30 天。每 667 米^2 用接穗种子 40～50 克。接穗种子要进行消毒处理。用 50～55℃水烫种，边倒水边搅拌，使种子一直处于漂浮状态，水温降至 30℃ 时捞出，略干后再用 1‰高锰酸钾溶液浸 10～15 分钟，取出洗净后再用 30℃ 的水浸 12～24 小时。直到种子全部泡透为止。浸泡过程用手反复搓洗，搓掉种子表面的黏液。浸透后捞出，用干净的纱布包好放在 25～30℃ 条件下催芽。催芽过程中每天要用清水投洗 1～2 次，一般 4～5 天即可出芽 80%，及时撒播于苗床。

选用砧木品种托鲁巴姆。托鲁巴姆种子不易发芽，需进行催芽。可以将种子袋内的催芽剂用 25 毫升温水溶解后，把 5～10 克托鲁巴姆种子浸泡 48 小时，捞出后装入纱布袋中保湿变温催芽。可以在种子袋外套上一个塑料袋，但一定要透气。白天温度保持在 28～32℃，夜间 18～20℃，每天翻动一次，用清水投洗一次，4～5 天开始出芽，50%种子露白出芽后拌上适量细沙开始播种。也可以把托鲁巴姆种子用催芽剂浸泡 48 小时后直接播种，浸泡过程中注意投洗换水。如果没有催芽剂可用赤霉素进行处理，将赤霉素配成 100～200 毫克/升浓度的药液，用该药液浸泡托鲁巴姆种子 24 小时，然后用清水投洗干净进行变温催芽或直接播种。

2. 播种

（1）播前准备　此茬茄子育苗正值高温多雨季节，应采取高畦搭阴棚育苗。采用营养钵有土育苗或穴盘基质无土育苗。有土育苗播种前先做好苗床，从连续 5 年未种过茄果类蔬菜的田间取田园土，加草炭、腐熟有机肥，按 5：4：1 的比例混合过筛，做成 1.2 米宽苗床，铺 10 厘米厚营养土，用 50％多菌灵 500 倍液喷透苗床消毒。

床面整平后浇底水。一定要浇透，可以用竹签或细木棍插一插已浇过水的苗床、苗盘的各个角落，如果插下去很顺利，拔出来又不带起表土，说明浇透了，否则没有浇透，还要补浇。

（2）播种及播后管理　茄子的播种方式为撒播。为了使撒播种子能在苗床、苗盘上均匀分布，播前可向催芽种子中掺些细沙，使种子松散，切记不要将种子芽损伤。如果撒播种子分布不均，可以用竹签、树枝、细铁条等把较密集的种子拨匀。

播种后立即用床土覆盖种子，防止晒干种芽。覆土要求厚度均匀，一般为 1 厘米厚。覆土过薄，床土易干，种皮易粘连，易出苗"戴帽"。盖土过厚，出苗延迟。

接穗播后 5～7 天即可出苗。如床面太干，要用喷雾器喷 1 遍小水。子叶展平后，把过拥挤的小苗、弱苗和杂草拔除。疏苗后要用细潮土弥缝保墒，撒土必须仔细。不可撒在小苗生长点上。中午阳光太强时，要适当遮阴。苗期避免浇水过大，严防徒长。砧木管理基本和接穗相同，但托鲁巴姆 3～4 叶前生长缓慢，要精心管理，水肥比接穗略多。

当砧木两叶一心时，把砧木苗分到 10 厘米×10 厘米的营养钵内。分苗前浇透水，分苗后用小拱棚覆盖。分苗床 40～50

米^2。缓苗后，及时补1次缓苗水。接穗不用分苗。

3. 嫁接

当砧木长到5～7片真叶，接穗长到3～4片叶，砧木茎粗达0.4～0.5厘米时为嫁接的适宜时期。嫁接用具主要是刀片和夹子。刀片用于切削砧木的接口和接穗的斜面，可使用双面的刮须刀片，为了便于操作，将刀片沿中线纵向折成两半，并截去两端无刀锋的部分，用前需将刀片擦干净。夹子主要是来固定接口的，最好采用茄子嫁接专用夹。在使用旧塑料夹时，应事先用200倍福尔马林溶液浸泡8小时进行消毒。嫁接场所要选择在距苗床较近且光照较弱的位置，周围要洒些水，有一定的空气湿度。可用长条凳或木板作嫁接台，在台上操作，专人嫁接，专人取苗运苗，连续作业，防止出差错。在嫁接场所附近还要扣一个小拱棚，嫁接完的苗子随即放入棚内，处于遮阴保温保湿状态。

(1) 嫁接方法 茄子嫁接方式以劈接方法最易操作，且成活率较高。当砧木长到5～6片真叶时进行嫁接，嫁接位置在第2片和第3片真叶之间。首先将长有砧木的营养钵置于嫁接台上，在下数第2片真叶上方切断茎部（平切），保留2片真叶，然后于茎的中间用刀片劈开，向下切深1.0～1.5厘米左右的切口。再选粗度与砧木相近的接穗苗，将其拔下，从苗顶部向下数，在第2或第3片真叶的下方下刀，即保留2～3片真叶，去掉下端，并削成楔形，使楔形的大小与砧木切口相当，随即将接穗插入砧木的切口中，注意对齐接穗和砧木的表皮。然后用嫁接夹子夹上接口。嫁接操作台要保持清洁，刀片应用75%的酒精棉球定时消毒。

(2) 嫁接苗的管理 嫁接后要及时把嫁接苗放到遮阴的小拱棚内，浇透水。注意嫁接口不要沾水。嫁接后前3天内用遮阳网进行遮光，白天25～28℃、夜间18～20℃，湿度为90%～95%。3天后可见散射光，逐渐降低温、湿度，白天23～26℃、夜间17～20℃，湿度70%～80%。6天后可把小棚两侧的薄膜掀开一部分，并逐渐扩大放风口。8～10天后去掉小拱棚，拿掉嫁接夹，转入正常茄子栽培管理。定植时覆土不可超过接口，否则茄子长出不定根，就失去了嫁接防病的作用。

摘除砧木萌芽。由于嫁接时切除了砧木的生长点，这样会促进砧木侧芽萌发，特别是经过一段高温、高湿、遮光的管理，侧芽生长很快，如果不及时去掉，很快长成新叶，直接影响接穗的生长发育。所以在接口愈合后，应马上摘除砧木萌芽，要去除干净彻底。随着苗子的长大，要不断扩大营养钵之间的距离，以防植株过密引起徒长。当幼苗达到6～7片真叶，门茄70%以上现蕾即可定植。

（六）整地施肥

1. 整地做畦

选择疏松肥沃、排灌条件良好的土壤，忌茄果类重茬。每667米² 施用腐熟农家肥5 000～8 000千克，深翻土壤30厘米后整地，划定植沟。定植沟中施入10～15千克尿素、15～20千克过磷酸钙、15～20千克硫酸钾。

整平畦面后做成南北向小高畦，畦宽1.3～1.5米，高15厘米，在畦中间开一条10厘米的小沟，畦面上形成2条垄，每垄栽一行，两畦间行距70厘米。每垄铺一条滴灌带，然后覆地膜。冬季采用滴灌浇水追肥，随着温度的提高，春季可用于沟灌。

2. 适时定植

定植时先在固定行上按株距45～50厘米开穴，每穴栽1株，坐水栽后覆土再浇水。定植时覆土不要超过嫁接口，每667米²可栽1 900～2 300株。

（七）定植后管理

1. 温度管理

茄子喜高温，苗期抗寒能力弱，定植至缓苗前一般不通风。

定植后 5～7 天，秧苗心叶开始生长，表明已生出新根，已缓苗。在 12 月份至翌年 2 月份的严冬时节，温室内光照强度不足，应在温室后墙及山墙上张挂镀铝聚酯反光幕；同时经常保持棚膜清洁，以增加温室内光照强度，提高室内气温和地温。张挂反光幕的方法是：上端固定，下端垂直地面，离地面 20 厘米左右；晴天早晚和阴天光线较弱时张挂，中午光较强时和夜间卷起，使白天后墙和山墙多吸收热量，夜间散热升高室温，充分发挥其补光增温的作用。

进入 2 月份，天气开始回暖，温室内气温和地温逐渐上升，阳光逐渐充足，植株生长逐渐加快，开花数量增多，白天要逐渐早揭草帘和棉被，保持室温 20～30℃。下午室温降至 20℃时关闭通风口，并提早盖上草帘或棉被保温，使夜间最低室温保持在 10℃以上。随着外界气温的逐渐升高，要加大通风量，延长通风时间。外界夜温稳定在 15℃以上时，打开后墙口和顶风口进行昼夜大通风。

茄子坐果期正值冬季，为了使茄子能够正常生长坐果，主要采取以下几项保温措施：

①定植时铺地膜，防草和保湿。在冬季低温时减少浇水，防止地温过低，植株长势慢。

②二层幕，在 12 月初开始在棚内 2 米高处悬挂一层厚 0.08 毫米的白色薄膜，白天温度高时，将膜打开，晚上再合上，到第二年 2 月，随着温度的升高，二层幕逐渐去掉。

③增加墙体厚度，在棚外后墙覆一层旧棉被或保温板，提高温室的温度。

④棚内前底角遮挡 1.4 米高的薄膜。

⑤门口处用塑料膜进行遮挡，高度在 1.2～1.5 米。

⑥采用尼龙细绳吊架，减少遮光；并及时擦扫棚膜上的尘土。

⑦冬季低温时，棉被放下后，在前底角覆一块草帘，减少温

度的散失。严冬过后，春季到来，日照时间越来越长，光照强度越来越大，天气转暖，气候条件越来越适合茄子生长的需要。这时要逐渐提高管理温度，进而转入正常的温度管理。

2. 追肥

在底肥施足的情况下，定植后到门茄瞪眼（核桃大时）前，温度较适宜，一般不需追肥。门茄瞪眼时进行追肥，但是门茄膨大初期室温仍然偏低，光照较弱，植株生长发育慢，追肥不宜过大，且以氮、磷肥为主，每 667 米² 随水追施腐熟鸡粪 400 千克或尿素 10～15 千克，磷酸二铵 5 千克。12 月份至翌年 2 月初，因低温茄子生长缓慢，每 15～20 天随水追肥 1 次，可用尿素、硝酸铵、硫酸铵或三元复合肥，每 667 米² 追施 15～20 千克。2 月中旬以后，外界气温逐步回升，日照增长，采收逐次增多，应加大施肥量，每 667 米² 每次追施尿素 20～25 千克或三元复合肥 30 千克，也可追施饼肥 40 千克。在结果盛期，每 667 米² 加施硫酸钾 10 千克，并增施二氧化碳气肥和叶面追肥。

3. 灌水与湿度的管理

定植时，浇足定植水。缓苗后浇 1 次缓苗水，灌水量不能过大，以茄苗附近土壤润湿为准。在门茄瞪眼前一般不浇水，只有发现土壤水分不足时才浇小水。这期间应多次中耕畦沟，适当通风排湿，促进根系生长；在门茄瞪眼时轻浇一次催果水。2 月中旬以后，外界气温逐渐回升，日照增长，植株果实生长加快，应逐步加大浇水量。3 月中旬后温度升高，当地温达到 18℃ 以上时，每隔 7～10 天浇 1 次水。若是采用膜下暗灌，明沟也要灌水，灌水后要大通风排湿。一般浇水宜在晴天上午进行。

4. 植株调整

冬春茬茄子栽培，光照弱，通风量小，如果不进行整枝，中后期很容易徒长，只长秧不结果。冬春茬茄子栽培宜采用双干整枝。双干整枝是只留主枝和第一花序下第一叶腋的一个较强的侧枝，其余的侧枝全部去掉。茄子整枝后，茄秧持续生长。用尼龙绳吊秧，同时摘除下部老叶，改善光照条件和增加空气的流通，促进果实生长，减少病虫害的发生。

整枝换头：在翌年2月初植株长到2米多高时，采用整枝换头技术处理植株。因此，在12月底开始在植株根部（嫁接口上）留1～2个长势较健壮的枝条，在3月初开始进行植株换头。在新生枝条10厘米以上，用果枝剪在割蔓处剪成斜茬。老枝剪除后，用0.1‰高锰酸钾溶液涂抹伤口进行消毒。割剪时要保持切面为斜面，而且不要在阴天及连雨天进行，最好在晴天上午进行修剪，把剪下的枝条全部带出棚室进行集中处理。30多天后新枝就可陆续采收。

5. 保花保果

在日光温室冬春茬茄子栽培中，冬季和初春由于光照不足，温度低，通风量小，湿度大，极易引起落花落果，产量降低。因此，采取有效措施进行保花，是冬春茬茄子生产成功的关键因素之一。防止落花，应首先从培育壮苗、保护根系、提高定植质量做起，加强田间管理，改善植株营养状况，调节营养生长与生殖生长平衡。此外还可以使用生长调节剂有效地防止早春定植后因环境条件不适而引起的落花。

落花防治中常用的激素有以下几种：一是番茄灵或防落素。使用浓度为30～50毫克/千克。这两种激素既可蘸花，也可用小喷壶喷花。二是丰产剂2号，每瓶（10毫升）兑水1升，蘸花或喷花。三是2,4-D，使用浓度为20～30毫克/千克。气温低时用浓度高限，气温高时用浓度低限。涂花的方法是用毛笔蘸上配制好的药液，涂抹于花柄上。也可进行浸花，将配制好的药液装在小碗内，然后把花浸到药液中，浸到花柄后立即取出，并把花柄上多余的药液抖落掉，以防止花果上2,4-D溶液浓度大而造成畸形果。2,4-D不能用于喷花，以防损害幼嫩枝叶和生长点。使用激素时，药液最好随用随配，注意不要重复蘸花或喷花。1朵花只能蘸（喷）1次。在激素溶液中可加入少量色素

（如红墨水）做标记，以免因重复蘸花而造成药害，导致出现畸形果和小僵果。

（八）采收

门茄要及时采收。根据市场需要，对茄和四门斗也可早摘，以增加经济效益。茄子采收的标准是看"茄眼"的宽度。"茄眼"是萼片与果实相连的地方，有1条白色到淡绿色的带状环。如果这条环带宽，表示果实正在迅速生长。

（九）病虫害防治

日光温室茄子的病虫害种类很多，这些病虫害的发生将直接影响茄子的品质，营养价值及种植户的经济收入。对病虫害防治坚持以预防为主的原则，以物理防治为主，如在棚内悬挂黄板，进行诱杀。现将日光温室茄子常见病虫害的发生特点及防治办法介绍如下。

1. 灰霉病

由于冬季温度低，茄子的植株高、叶片大，放风时间短，易造成灰霉病的发生。灰霉病发生时可用百菌清烟熏剂进行熏蒸，换头时喷施代森锰锌等杀菌剂进行灭菌。

2. 猝倒病和立枯病

猝倒病和立枯病主要在苗期易发生，防治方法：首先提高地温，保持苗床土疏松，出苗时注意通风换气。除了在播种前对土壤消毒外，如果发病，应先拔除病苗，以防蔓延；然后喷洒75％百菌清可湿性粉剂600倍液、64％噁霜·锰锌（杀毒矾）可湿性粉剂1 500倍液任选一种，每隔7天1次，连续2～3次。

3. 茄子黄萎病

一般在门茄坐果后开始发病。先从植株下部叶片发病，开始时叶片上叶脉间发黄，逐渐扩及整个叶片，随后发病处变褐，边缘枯死或全叶枯死。开始萎蔫的植株，纵切其根茎部，可见到木质部维管束变褐色。

防治方法：a. 种子消毒；b. 实行轮作；c. 土壤消毒；d. 嫁接换根。

4. 蚜虫和红蜘蛛

在虫害发生初期，选用以下药物喷雾防治：25％喹硫磷乳油、20％哒嗪硫磷乳油各 1 500 倍液，73％炔螨特乳油 1 000 倍液，2.5％联苯菊酯（天王星）乳油 3 000 倍液。

5. 白粉虱

症状：温室内白粉虱一年可发生 10 余代，世代重叠。成虫具有趋嫩性特点，群集于上部叶片叶背后吸取叶肉汁液，使植株生长不良，叶片褪绿、变黄萎蔫。

防治方法：育苗前将温室用药剂熏蒸一次，以除去残存虫口，消除作物杂草残株，在通风口加尼龙纱，控制外来虫源；温室内合理轮换蔬菜的种植种类。可选用白粉虱的天敌进行防治，如释放蚜小蜂、草蛉等。药剂防治：一般每片叶上有 50～60 头开始防治，用 1.8％阿维菌素（爱福丁）乳油 2 500～3 000倍液叶面喷雾处理，可控制卵、幼虫和成虫。用 25％噻嗪酮（扑虱灵）可湿性粉剂 1 000～1 500 倍液喷雾、2.5％氯氟氰菊酯（功夫）乳油 2 000～3 000 倍液喷雾，均可控制白粉虱的发生。

四、日光温室水果玉米周年生产高效种植模式

为丰富设施生产种植技术模式，增加冬季农产品市场供应的花色品种，利用日光温室开展水果玉米周年种植技术示范。采用不同茬口和播种方式实现周年 3 茬种植，年均效益为每 667 米^2 1.7 万元。在种植上推广早期去分蘖、后期人工辅助授粉等技术，通过示范形成了日光温室水果玉米周年种植高产配套技术体

系，为设施生产提供了新的种植模式，促进设施农业发展，增加农民收入。

（一）茬口安排

第一茬安排在 9 月上旬～10 月下旬播种，可在春节前后成熟；第二茬安排在次年 1～2 月份上旬定植，可在"五一"节成熟；第三茬安排在 5～6 月份上旬播种，可在 8 月下旬～9 月上旬成熟。

（二）主要栽培措施

水果玉米是适合生吃的一种超甜玉米，青棒阶段皮薄、汁多、质脆而甜，生吃熟吃都特别甜脆，像水果一样，因此被称为"水果玉米"。水果玉米为新型果蔬型食品，具有营养丰富，口感甜、鲜、脆、嫩的特色，备受消费者青睐，特别是乳熟期的甜玉米籽粒中，葡萄糖、蔗糖、果糖含量是普通玉米的 2～8 倍，蛋白质含量 13％以上，以水溶性蛋白为主。粗脂肪含量 9.9％，比普通玉米高出 1 倍左右。籽粒中富含多种维生素、胡萝卜素和氨基酸等营养物质。

水果玉米品种较多，适宜本地区种植的品种主要有中农大甜413 和京科甜 183。

1. 品种简介

（1）中农大甜 413　幼苗叶呈绿色。株型松散，株高 200 厘米，穗位高 64 厘米，成株叶片数 20～21 片。花丝绿色，花药绿色，颖壳绿色。果穗筒型，穗长 19 厘米，穗行数 16～18 行，穗轴白色。籽粒黄白双色，千粒（鲜籽粒）重 250 克左右。适宜密度为每 667 米^2 3 500～4 000 株，每 667 米^2 平均鲜穗产量 750 千克。

（2）京科甜 183　超甜型玉米单交种。北京地区春播播种至鲜穗采收平均 84 天。株型平展。花丝绿色，花药绿色。雄穗分枝 20～25 个，株高 189 厘米，穗位高 60 厘米，单株有效穗数

0.99 个，空秆率 2.49%。穗长 19.2 厘米，穗粗 4.6 厘米，穗行数 12～16 行，秃尖 2.4 厘米，出籽率 63.4%，粒色黄白，粒深 0.9 厘米，鲜籽粒千粒重 315.2 克。自然条件下抗多种病害。抗倒性较好。适宜密度为每 667 米² 3 000～3 500 株，每 667 米² 平均鲜穗产量为 800 千克左右。

2. 栽培要点

(1) 播种　精细整地，使土壤疏松，起垄覆膜。垄高 15 厘米，种植行距 60 厘米，株距 28～32 厘米。膜上打孔，直播或移栽。种植密度为每 667 米² 3 500～4 000 株。以茬口安排播种方式，每个周年的第一茬和第三茬为直播，直播时采用点播方式种植，每穴放种子 2～3 粒，覆土；第二茬为育苗移栽，采用育苗盘（直径为 50 毫米）育苗，每穴放种子 1～2 粒，覆土 2～3 厘米，4～5 片叶时移栽定植。第一茬和第二茬起垄覆地膜，第三茬不覆地膜。水果玉米播种量为每 667 米² 1～1.5 千克。

(2) 田间管理　在土壤为中等肥力的情况下，播种前每 667 米² 底施商品有机肥 3 000～5 000 千克，磷酸二铵 15 千克，尿素 20 千克，氯化钾（或硫酸钾）20 千克。为防治地下害虫，每 667 米² 撒施 1.5% 辛硫磷颗粒剂 3 千克，定植时每株施用 1 片根用缓释农药防治蚜虫。不覆地膜时，播种后当天喷施除草剂进行除草，用 40% 莠去津（阿特拉津）100 克加 48% 甲草胺（拉索）150 毫升，兑水 50 升，均匀喷洒畦面和沟面。喷药时土壤墒情良好，以保证药效的发挥。

水果玉米根系需氧量大，要求土壤疏松，通气性好。苗期及时中耕松土，培土是促使根系向纵深伸展的重要措施。采用直播播种时，在五叶期及时定苗，每穴留苗一株，浅中耕松土，然后追肥，每 667 米² 施尿素 5～10 千克。五叶期后玉米植株进入拔节期，拔节期是决定叶片总数的时期。由于这个时期植株的根、茎、叶开始旺盛生长，充足肥水可增加叶片总数。

雌雄生长锥开始分化期，又叫大喇叭口期或孕穗期，此生育阶段是决定果穗大小、行数的时期，充足的水肥和光照可促进花粉粒的正常发育，增加小穗数，减少顶部退化小穗，增加穗位以上功能叶片的叶面积。应及时中耕松土，每 667 米^2 追施尿素 5～10 千克；覆膜追肥时，在两植株之间的地膜上打孔施入。此生育阶段对水分的要求较苗期多，要保持播种地块田间持水量在 80％以上，施肥后及时浇水。

人工辅助授粉。水果玉米是异花授粉作物，露地种植条件下，昆虫、风吹可使花粉传播，完成授粉自然结实，但在日光温室中尤其是冬春季茬口的水果玉米，由于没有风和昆虫传粉，不能自然授粉，需人工辅助授粉。正常情况下，可用竹竿、长棍等拨动玉米茎秆，使花粉落到花丝上，完成授粉。在低温情况下，如果出现花期不遇，可用纸张收集花粉，再用毛笔蘸取花粉，进行人工授粉。人工授粉应在温室温度达到 25～28℃时，一般在 9：30～11：00，14：00～15：00 之间进行。此时要控制好温度和湿度，注意开通风口放风。人工授粉后还要及时观察是否授粉成功，如花丝停止生长，出现萎蔫情况，说明授粉成功；如果花丝不断生长，说明授粉未成功，可剪短过长花丝，保留 2～3 厘米，再次进行人工授粉促进结实。

为使养分集中供给主穗，提高商品穗率，提高产量和产值，需将长出的分蘖或多余果穗及时打掉，做到打早打小，只留主穗。注意避免伤到穗位附近的叶片。

(3) 病虫害的防治　虫害可采用黄板、杀虫灯、赤眼蜂等物理、生物方法防治蚜虫和玉米螟等虫害。药剂防治中，黏虫防治可用 2.5％敌百虫粉喷粉，每 667 米^2 2～2.5 千克杀虫效果好，或用 90％敌百虫或 50％敌敌畏 1 000～1 500 倍液，喷施 100 升。玉米螟的防治可用 3％的氯唑磷（米乐尔）颗粒剂撒于心叶，药效长，效果好。

病害：如果管理不善、连作或温室内湿度过大时，水果玉米易感染大、小斑病，施用磷钾肥可增强植株抗病性。在叶斑病发生的初期可喷药 2~3 次，每隔 7 天喷药一次，常用药有 50% 多菌灵 500 倍液、70% 的甲基硫菌灵（甲基托布津）600 倍液、90% 代森锰锌 1 000 倍液，每 667 米² 喷施 100~150 千克药液。

(4) 根据温室内外温度情况加强保温措施 在正常年份情况下，传统的温室保温措施可保证水果玉米正常生长。但在极端气候条件的影响下，可将传统单层棉被改为双层棉被，棉被厚度 4~5 厘米。温室外后墙加盖保温膜，减缓室内热量挥发。起垄覆膜，也可提高地温，减少因浇水导致的地温降低。温室内可燃烧增温块提高内温度，燃烧一次，温度可提高 2℃。同时采用在棉被上加盖厚毡，增加底脚草帘和底脚膜等保温措施也可协助提高室温，保证日光温室内温度不低于 12℃，满足水果玉米的生长需求。可采用提高室温，缩短冬季种植生育期，提早进入采摘期。

(5) 适时采收 水果玉米从播种到采收的生育天数为：第一茬 120~140 天，第二茬 110~120 天，第三茬 80~95 天。最佳采收期是籽粒含水分 70% 左右，果穗处于乳熟末期至蜡熟初期（胚乳逐渐由乳状变为糊状，呈乳白色），此时甜度高，口味好。采收过晚则皮厚渣多，甜度下降。采收的鲜果穗应及时上市，不宜放置过夜，否则甜度下降，风味差。如带果穗外皮，可多放置 2~3 天。同时鲜果穗可进行真空包装，也可速冻，速冻后可在冷库中保存较长时间，反季节供应市场。籽粒可加工制罐。

（三）关键技术

1. 拔节期追肥 拔节期是水果玉米整个生育期对水肥需求的第一个关键时期，此时充足肥水可增加叶片总数，因此需及时追肥，每 667 米² 施尿素 5~10 千克。

2. 人工辅助授粉

水果玉米在开花期如果遇到干旱、低温寡照等不利气候条件，常常会出现雌雄花期不协调、雌穗苞叶过长、抽丝困难、花粉量少、花粉生命力弱等现象，从而影响正常授粉、受精和结实，导致结实不良，产生严重秃尖，因此必须进行人工辅助授粉。这不仅是补救措施，而且也是在正常生长田块下进行的增产措施，是怀柔区日光温室水果玉米周年生产高效种植模式中的关键技术。

五、冷凉地区日光温室番茄与芹菜周年生产高效种植模式

根据怀柔北部山区的气候特点，昼夜温差大，日照时数少，日光温室在不加温的情况下，一年可种植两茬茄果类和一茬叶菜类作物。以番茄与芹菜高效种植模式为例，两茬番茄的效益能达到每 667 米² 3 万元左右，芹菜一茬收入达到每 667 米² 9 000 元左右。

（一）茬口安排

日光温室番茄和芹菜周年生产的茬口安排如下：冬春茬番茄在 11 月下旬左右播番茄种子，1 月中下旬左右定植，5 月中旬进入采收期，6 月中下旬拉秧。夏秋茬番茄在 6 月上旬播种育苗，7 月上旬定植，8 月中旬进入采收期，10 月上旬拉秧。秋冬茬芹菜 8 月上旬育苗，苗龄 60～70 天，10 月上旬定植，秋冬茬芹菜在 1 月下旬～2 月上市，主要供应元旦和春节市场。

（二）品种选择

1. 番茄品种

（1）金冠 18 号 杂交一代，中早熟，抗病性强，属无限生长型。叶片较稀，叶量中等。在低温弱光下坐果能力强。果实无绿肩，大小均匀，高圆形，成熟果粉红色，表面光滑发亮，外形美观。单果重250～300 克左右，最大可达 800 克，每 667 米² 产

量可达 8 000～10 000 千克左右。该品种果皮厚，果肉较硬，耐贮耐运，货架寿命长，口感风味好，适宜日光温室及大棚、中小棚种植。春提早栽培，也可做秋延后及露地栽培。

（2）**金鹏 1 号** 该品种无限生长型，果实外形美观，似苹果，高圆形。色泽好，无绿肩，表面光滑发亮。大小均匀，单果重 220～250 克。无畸形果。口感好，风味佳。

2. 芹菜品种

（1）**文图拉（加州王）** 美国引进品种。植株高大，生长旺盛，株高 80 厘米以上。叶片大、叶色绿，叶柄绿白色有光泽。叶柄抱合紧凑，腹沟浅较宽平，基部宽 4 厘米左右，第 1 节长 30 厘米以上，品质脆嫩，纤维极少。抗枯萎病，对缺硼症抗性较强，从定植到收获需 80 天，单株重 1 千克以上，每 667 米² 产 7 500 千克以上。

（2）**高优它** 该品种从美国引进，植株高大，可达 70 厘米。叶色深绿。叶片较大，横断面是半圆形，腹沟较深。叶柄肥大、宽厚，基部宽 3～5 厘米，第一节长度 27～30 厘米。叶柄抱合紧凑，呈圆柱形，质地脆嫩，纤维少。从定植到收获一般 80～90 天。该品种抗病性强，对芹菜病毒病、叶斑病和缺硼症抗性较强。单株重量在 1 千克以上，每 667 米² 产量可达 7 000 千克以上。

（三）冬春茬番茄栽培技术

1. 播种育苗

（1）种子处理与催芽

①温汤浸种。先把选好的种子放在凉水中浸泡 10 分钟后，放入泥瓦盆中，加入种子体积 4～5 倍的 50～55℃温水浸泡，同时用木棍向一个方向搅动。保持恒温 15 分钟，待水温降至 30℃时停止搅动，再继续浸泡 3～5 小时。洗净催芽，可杀死种子表面及内部的病菌。主要防治叶霉病、溃疡病、早疫病。

②药剂浸种。用 10％磷酸三钠或 0.1％高锰酸钾溶液消毒 20 分钟，起预防病毒病的作用。之后用清水洗净药液，沥干明水后用棉布包好进行催芽。

③催芽。在 28℃左右的条件下催芽，将芽放在干净的湿毛巾或纱布上包好。包裹种子时要使种子保持松散状态，以保证氧气的供给。催芽过程中每天要投洗种子 1～2 次。当有半数种子"露白"时即可播种。

（2）播种　采用 72 穴苗盘无土育苗。育苗营养土采用草炭：蛭石为 1：1 混合，每立方米均匀加入精制有机肥 20 千克。育苗营养土配好后灌满穴苗盘，刮平，浇透水。在播种之前用 500 倍多菌灵或百菌清处理穴苗盘，每穴播种一粒或两粒未出芽种子，播后用蛭石覆盖，厚约 1 厘米。棚上及时覆盖遮阳网进行遮阴降温。

（3）苗期管理

①温度：出苗前白天控制在 25～28℃，夜间 12～18℃，齐苗后，白天降到 15～17℃，夜间 10～12℃。出苗至 2 片真叶期要防止徒长。及时通风。白天气温 22℃时开始通风，室内温度保持 25～28℃，夜间 12～15℃。

②湿度：齐苗前棚内空气相对湿度 70％～85％，齐苗后为 50％～60％，如苗缺水时，在晴天上午喷水补充水分。

③壮苗标准：株高 20～25 厘米。7～8 片肥厚的叶片，叶片有光泽。茎粗壮，节间短，稍发紫，多茸毛。根色白，根系粗大。第一穗现大蕾，且花穗下弯花蕾下垂。

2. 定植

（1）定植前准备　每 667 米^2 施入优质农家肥 4 000～5 000 千克，复合肥 50 千克，深翻 25 厘米～30 厘米。整平整细后做成易灌易排的瓦垄畦，畦宽 1.3 米，高 23～30 厘米。采取地膜覆盖，起到防病、防草和提高地温的作用，施肥整地做畦在定植前 10～15 天完成。

（2）定植 温室内最低气温稳定在 10℃以上，10 厘米地温稳定在 12℃以上。密度为每 667 米² 定植 3 500 株左右，平均行距 65 厘米，株距 30 厘米左右。

3. 定植后管理

（1）温度管理 定植后尽量提高温度，以利缓苗。不超过 30℃时不需要放风。缓苗后要有一个明显的蹲苗过程，采取的措施是适当降低温度，控制浇水，白天 20～25℃，夜间 15℃左右，揭苫前 10℃左右，以利花芽分化和发育，蹲苗具体时间应根据苗的长势和地力因素来决定，一般为 10～15 天。开花坐果期要进行适当的控制温度，进行变温管理，增强植株的抗逆性。低温管理中，白天温度控制在 24～26℃，夜间维持在 14～16℃；高温管理中，白天控制在 30℃左右，夜间维持在 18～20℃左右。进入结果期后，白天 20～28℃，夜间保持 7～10℃。

（2）光照管理 番茄属喜光作物，要求有较高的光照强度，尤其是上午的光照强度要尽量满足。冬春茬番茄的生长期光照时间短，强度弱，尤其应注意增加光照强度。栽培番茄必须用新的、透光性能好的聚氯乙烯无滴膜，并及时除去膜上的柴草和吸附的灰尘，保持膜面清洁，增加透光率。及时揭盖草帘等保温物，尽可能延长光照时间，阴雨雪天也要尽可能见光。及时整枝打杈来调整植株行间的光照度。

（3）水肥管理 定植后到开花坐果前是壮秧蹲苗阶段。植株缓苗后，及时浇一次缓苗水，水量不宜过大。当第一穗果核桃大时进入果实膨大期。进入结果期要及时供应肥水，保持土壤湿度 80%～85%，室内空气湿度 50%～60%。第一穗果开始膨大时，结合浇水追催果肥，追肥以速效氮磷钾肥为主，每 667 米² 施 25～30 千克。追肥的原则是以每穗果长到核桃大小时追肥。在番茄盛果期，结合喷药进行叶面喷肥，用 0.3%～0.5% 尿素和 0.5%～1% 的磷酸二氢钾混合喷施肥 2～3 次，对于促进植株健壮，延迟衰老，提高果实品质和产量有较好的作用。

（4）植株调整

①吊蔓整枝：番茄植株达到一定高度后就不能直立生长，需采用塑料绳来固定植株，两行分别向上吊。适宜采用银灰色的塑料绳，有趋避蚜虫的作用。整枝多采用单干整枝法，每株只留一个主干，打掉所有侧枝。整枝打杈最好选在晴天植株无露水时进行，利于伤口愈合，减少病菌的侵染。

②摘心、打底叶：当最上果穗开花时，留两片叶掐心。第一穗果绿熟期后，摘除其下全部叶片，并及时摘除枯黄有病斑的叶子和老叶。

③保果疏果：冬春季温室的温度和光照不利于番茄正常的开花结果，因此在花期可以使用一些保花、促进坐果的激素进行喷花蘸花，加速果实膨大，预防灰霉病的发生。处理液在处理前配以红色颜料，以便处理后留下标记，避免重复处理。为保障产品质量应适当疏果，大果型品种每穗选留 3～4 果，中果型品种每穗选留 4～6 果。同时结合绑蔓进行疏果，及时摘除畸形果和僵果等不正常果。

（5）二氧化碳施肥　追施二氧化碳气肥。适宜番茄生长的二氧化碳浓度为 0.1%～0.12%。二氧化碳的施肥原则是"两头少、中间多"，晴天多施，阴雨天不施。选用二氧化碳吊袋肥，每 667 米² 挂 20 袋，悬挂于作物上方，增加浓度效果可维持一个月左右。

4. 病虫害防治

番茄的病虫害防治按照"预防为主，综合防治"的植保方针，坚持以"农业防治、物理防治、生物防治为主，化学防治为辅"的原则，不使用国家明令禁止的农药及其混配农药。

（1）早疫病和晚疫病　幼苗期和成株期均可发生，主要危害叶片、果实，也可危害茎部。发现中心病株及时摘除病叶、病果。控制好棚内湿度，降低叶片结露时间。用 75% 百菌清可湿性粉剂 600 倍液或 25% 甲霜灵可湿性粉剂 600 倍液，还可以用

72％霜脲氰·锰锌（杜邦克露）500 倍液喷雾，每个棚喷洒 4 喷雾器药液，连喷2～3 次。

（2）番茄灰霉病　主要危害青果和叶片。用 50％腐霉利（速克灵）可湿性粉剂 1 000～1 500 倍液。每次喷花或蘸花时都要加入 0.1％的 50％腐霉利（速克灵）可湿性粉剂。每 7～10 天用药一次，连续 3～4 次。

（3）病毒病　番茄病毒病类型常见的有花叶型、蕨叶型、条斑型 3 种。花叶型病毒侵染的叶片上出现黄绿相间或深浅相间的斑驳，叶脉透明，叶略有皱缩的非正常现象，病株较植株略矮。卷叶型病毒侵染的叶片叶脉间黄化，叶片边缘向上方弯曲，小叶呈球形，扭曲成螺旋状畸形，整个植株萎缩，有时丛生，染病早的病株多不能开花结果。条斑型病毒病的危害状可发生在叶、茎、果上，病斑性状因发生部位不同而异，在叶片上为茶褐色的斑点或云纹，在茎蔓上为黑褐色斑块。变色部分仅处在表层组织，不深入茎、果内部，这种类型的症状往往是由烟草花叶病毒或其他病毒复合侵染引起，在高温与强光下易发生。在防治中，种子用磷酸三钠消毒。在植株发病初期喷吗胍·乙酸铜可湿性粉剂 500 倍液或植病灵乳剂 1 000 倍液，促使叶片展开。

（4）蚜虫　在风口、门口安装防虫网阻隔蚜虫进入，黄板诱杀成虫，用银灰色吊绳来固定植株、悬挂银灰膜条避蚜。用生物农药 5％天然除虫菊素乳油 1 000 倍液或 50％抗蚜威可湿性粉剂 2 500～3 000 倍液，10％吡虫啉 1 000 倍液防治。

（5）白粉虱　应采用黄板诱杀，保护天敌，释放丽蚜小蜂，通风口处设置防虫网等综合措施。药剂防治可以采用生物农药 5％天然除虫菊素乳油 1 000 倍液喷雾，化学药剂可以选择 25％噻嗪酮（扑虱灵）可湿性粉剂 1 500 倍液加 2.5％联苯菊酯（天王星）乳油 3 000 倍液混合喷雾。

5. 适时采收

及时分批采收，减轻植物负担，以确保商品品质。适时采收的标准是果实充分膨大，果皮由绿变黄或变红。要选择无露水时采收。采收期控制温度低于 28℃为宜。

（四）番茄夏秋茬栽培技术

品种选择金冠 18 号，播种时间在 6 月上旬。由于这个时期温度较高，所以苗龄 30 天左右即可定植，其他栽培管理技术同上。但夏秋茬番茄种植需要注意以下几点：

①番茄定植正值夏季高温期，要做好遮阴和畦面灌水，降低地温，以利于根系生长，减少病毒病发生。定植后如遇晴天强光照射时，应加盖遮阳网遮阳缓苗。

②夏秋茬番茄在育苗期常会发生徒长，一般是由于氮肥施用过多，蹲苗不合理，病害发生等原因造成的。因此在整地时需进行测土配方和平衡施肥，氮、磷、钾肥平衡施入，在第一穗果坐住前控制水分，不要浇水，直到第一穗果长到核桃大小时结束蹲苗。

（五）秋冬茬芹菜栽培技术

1. 茬口安排

秋冬茬芹菜 8 月上旬育苗，苗龄 60～70 天，10 月上旬定植，1 月下旬～2 月即可上市，主要供应元旦和春节市场。

2. 播种育苗

（1）播前准备

①苗床准备。选择平坦、肥沃、定植方便的地块作育苗床。施入充足的过筛腐熟有机肥和适量的磷酸二铵，深耕细耙，起埂做成宽 1.2～1.5 米的平畦，耧平畦面，播前灌透水，待水渗后播种。

②种子处理。播种前 7～10 天进行种子处理。先将种子用冷水浸泡 24 小时，再搓洗数遍，捞出种子晾到草席上。种子表面水分散失后，将其包裹或放到瓦盆中覆盖，置于 15～20℃处催

芽，催芽期间每天将种子包翻动一次，每两天将种子淘洗一遍。经 6～7 天，大部分种子露白，即可播种。为促进发芽，可用浓度为 5 毫克/升的赤霉素液浸泡 10～12 小时，效果更好。

(2) 播种育苗　芹菜种子很小，因此在播种前应将畦面拍平整，灌足底水，水渗下后再用细土将低洼处填平。将经过处理的种子连同细沙均匀地撒在畦面上，再盖上 1 厘米厚细沙或营养土（用筛过的农家肥和细土各 50％混匀）。播种最好在阴天或午后进行，以防日晒伤芽。

(3) 苗期管理　播种后出苗前要保持苗床土壤湿润，当幼芽顶土时，可轻浇 1 次水。芹菜易出现死苗、烂苗及高脚苗现象，可出苗前在畦面上盖草帘或架设遮阳网，以降温、保湿，防止阳光直射及雨水的直接冲刷。小苗出齐以后仍保持土壤湿润，每隔 2～3 天浇一次小水，早晚进行。幼苗长出 1～2 片叶时可撒 1 次细土，并将遮阳物逐渐去掉，锻炼幼苗。苗期温度白天 15～20℃，不超过 22℃，夜间不低于 8℃。幼苗长出 3～4 片叶时用 128 孔的穴盘分苗。要随移栽、随浇水，并适当遮阴。分苗一般在午后进行。待苗 5～6 片叶时定植。苗龄 60～70 天。

由于床面地温、光、水等条件不一致，苗长势有所区别，对特别弱的苗可通过偏肥偏水的办法调整，使其生长均匀一致。如已分到穴盘内，挪动穴盘即可。

整个生育期温度不能过低，光照强度不能过弱，否则易提前抽薹，降低产量和质量。西芹属于绿体春化型植物，一般播种后 45～60 天，4～5 片真叶时，在 3～10℃低温下，经过 20～30 天完成春化过程。之后，在高温长日照条件下即进入生殖生长阶段，抽薹、开花、结籽。为了避免这种情况的发生，在幼苗期应尽可能把气温、地温升高一些，并且短时间超过适温以上，有利于平衡气温和升高地温。

3. **定植**

10 月上旬定植。上茬蔬菜收获后，立即清理残株废物，整平地面，每 667 米^2 施 5 000 千克左右的农家肥，既有疏松的作用，又能补充微量元素。基肥撒施后再深翻一遍，使肥料与土壤充分混合后起垄。垄距 70 厘米，高 10～15 厘米。当西芹长到 5～6 片真叶时灌水，准备起苗，向温室内移栽定植。行距 15～18 厘米，株距 15 厘米，栽植深度以不埋住心叶为宜，随栽随浇水。

4. 定植后的管理

（1）温度调节 白天室温控制在 15～25℃，夜间 10℃左右，促进叶片增加和叶柄肥大。当室温超过 25℃时，通过放风调节温度，低温小放，高温大放。生长后期，为促进芹菜加速生长，增加产量，可适当提高温度，白天控制在 20～25℃，随着室外气温的降低，夜间温室内温度降至 10℃时要注意加强保温，防止冻害。

（2）肥水管理 定植成活后要蹲苗 7～15 天。其间，心叶开始生长时进行松土。结束蹲苗后，垄面不干不浇水，保持垄面见干见湿，以提高低温，促进生根，为中后期迅速生长打好基础。但对弱小苗应偏施肥水，以促进弱苗升级。从地上部看，株型紧凑、敦实，叶色深绿至浓绿，叶柄粗壮时，施肥灌水。实行小水勤灌，促进生长。当植株长到 5～6 片叶时，开始进入旺盛生长期，要加强肥水管理。随着温室内温度降低，适当延长浇水间隔时间，从每 7～10 天浇一次改为 10～15 天浇一次。浇水要在上午进行，浇水后要加强放风，以免温度过大造成芹菜徒长和病害。芹菜最适宜的空气湿度为 80％，土壤湿度 80％～90％。全生育期追肥 3～4 次，每次每 667 米^2 追施硫酸铵 10～15 千克，前期和后期追肥每 667 米^2 可加入钾肥 4 千克。生长期间容易滋生杂草，要及时拔除，中耕除草宜浅不宜深。

（3）增施二氧化碳气肥 芹菜在温室生产中，由于棚内外气体交换受阻，棚内二氧化碳浓度随着芹菜光合作用的进行而下降，尤其是早晨日出后二氧化碳浓度更低。为加强芹菜光合作用，促进生长发育，达到高产、优质、高效的目的，可在保护地内增施二氧化碳气肥。

（4）张挂反光幕　温室张挂聚酯镀铝膜反光幕增温补光是冬季温室生产一项投入少、见效快、方法简便、节省能源、能大幅度提高蔬菜产量和温室效益的科学方法。

5. 病虫害防治

（1）斑枯病　斑枯病是常见的病害，发病初期叶片出现浅褐色油浸状小斑点，防治时可用75%百菌清可湿性粉剂600倍液喷雾，或50%多菌灵可湿性粉剂500倍液喷雾，或70%代森锰锌可湿性粉剂500倍液喷雾，每7~10天一次，连喷2~3次。

（2）蚜虫　蚜虫是危害芹菜的主要虫害，防治可用50%避蚜雾可湿性粉剂2 000~3 000倍液喷雾；每隔一周喷一次，连续喷2~3次。

6. 生理病害及防治

芹菜生理病害有烧心、空心、缺硼症和叶柄开裂等，影响生长，降低品质。

（1）烧心　多是由缺钙引起的。开始心叶叶脉间变褐，逐渐叶缘细胞坏死，呈黑褐色。多在11~12片真叶时发生，在生育初期很少出现。此症状在高温、干旱、施肥过多的条件下容易发生。高温能加快生育速度，促进植株对氮、钾、镁等元素的过量吸收，但影响对钙的吸收；在干旱的条件下，由于根系对钙元素的吸收能力减弱，易引起植株缺钙。

预防烧心病的发生，首先要注意避免高温干旱，进行适温适湿管理，施氮、钾、镁等肥料要适量。一旦发生烧心症状，可用0.5%氯化钾或硝酸钾水溶液向叶面喷施。

（2）空心　空心是一种生理老化现象。从叶柄基部开始空心并逐渐向上发展，特别是中后期遇肥料不足，病虫危害、肥水供应不足、缺乏硼素、收获过迟等因素时，会使芹菜根系吸收肥水的能力下降，地上部得不到充足的营养，叶片生理功能下降，制造的营养物质不足形成空心秆。对其产量和品质有很大影响，会造成商品性和经济价值降低。

预防措施：应避免在沙性过大的土壤上栽培；除施足底肥外，在生长发育中要及时追肥，如发现叶片颜色转淡出现脱肥现象时，可用 0.1% 尿素液肥进行根外追肥。用赤霉素处理时，应同时喷施氮肥。

(3) 缺硼症　其表现为叶柄异常肥大、短缩，并向内侧弯曲，弯曲部分的内侧组织变褐，逐渐龟裂，叶柄扭曲以至劈裂。叶边缘向内逐渐变褐，最后心叶坏死。

产生缺硼症的原因，一是由于土壤中缺硼，二是土壤中其他营养元素偏多而抑制了对硼元素的正常吸收。另外，在高温干旱的条件下容易发生缺硼症。

预防措施：若土壤中缺硼，每 667 米^2 可施用硼砂 1 千克，以补充硼元素的不足；发生缺硼症状后，用 0.1%～0.3% 的硼砂水溶液进行叶面喷雾。

(4) 叶柄开裂　多数表现为茎基部连同叶柄同时开裂，不仅影响商品品质，而且极易病菌侵染，发病霉烂。

产生叶柄开裂的原因，多为在低温、干旱条件下，由于生长发育受到严重抑制所致。另外，在突发性的高温、多湿条件下，由于植株吸水过强，组织充水，也能发生叶柄开裂。

预防措施：进行正常的适温适湿管理，加强保温措施；深耕土壤，多施有机肥，促进根系生长发育，增强其抗旱、抗低温能力。

7. 适时采收

芹菜要适时收获，过早收获不能高产；过晚收获，养分向根部转移，使叶柄质地变粗，甚至出现空心，影响产量，降低品质。抽薹较慢的品种，收获期较长。如果温室的温度条件较好，芹菜花芽分化较晚，可适当延长收获。具体时间应根据市场需求和植株长势决定。最好集中在新年、春节两大节日上市，不但丰富节日市场，而且价格高，效益好。若西芹提早进入收获期，应降低室温，维持到 0～5℃ 的假植温度，根据市场需求一次性采收供应上市。

六、怀柔区日光温室番茄周年高效生产种植模式

番茄是怀柔区主要蔬菜作物之一，日光温室种植以上茬冬春茬和下茬秋冬茬为主要茬口。冬春茬栽培的气候特点是前期温度低、湿度大，容易发生病害，以防病为主。后期温度高、光照强，基本有利于番茄的生长。秋冬茬的气候特点是前期温度高、栽培技术要以控为主，防止徒长。后期温度低，注意防止冻害。每 667 米² 冬春茬产量可达 7 300 千克，冬茬产量可达 6 600 千克，收入可达 3 万元。

（一）茬口安排

一年两大茬。冬春茬每年 11 月底～12 月中旬育苗，来年 1 月上旬定植，5 月上旬拉秧。秋冬茬每年 8 月中旬育苗，9 月中旬定植，12 月底左右拉秧。

（二）对环境条件的要求

番茄具有喜温、喜光、耐肥及半耐旱的生物学特性，在冬春季节气候温暖、光照较强而少雨的气候条件下，相对于秋冬季节较容易栽培，也相对容易获得较高产量。

1. 温度

番茄属于喜温类蔬菜，其生长发育的适宜温度范围为 15～26℃，其中以白天 22～26℃、夜间 15～18℃ 为最佳温度。温度低于 10℃ 生长缓慢，发育不良；高于 33℃，生理平衡易被打破，花器发育不良。

土壤温度以 20～22℃ 最适宜，低于 13℃、高于 32℃ 时根的

机能下降，根系的生长受到抑制，对水肥的吸收受到阻碍。

各个生育阶段对温度的要求和反应分别如下：

（1）发芽期　种子发芽的适宜温度是 25～30℃。高于 30℃ 虽然出芽快，但苗细弱；低于 25℃ 则随温度下降出芽速度缓慢，出芽期推迟，当温度降到 11℃ 以下时，停止出芽，11℃ 为种子出芽的低温极限。

（2）苗期　苗期温度白天 20～25℃，夜间 14～16℃，此时如果温度过高，下胚轴伸长过快，易形成徒长苗，定植前 5～7 天，炼苗时夜间可在 10℃ 左右。

（3）开花期　开花期对温度反应比较敏感，在开花前 5～9 天、开花当天、开花后 2～3 天的时间段内要求更为严格，白天生长适温为 20～28℃，夜间为 15～20℃，温度过低（15℃ 以下）或过高（35℃ 以上），都不利于花器的正常发育，导致不开花。

（4）结果期　结果期白天 20～30℃，夜间 15～20℃；果实膨大期要求白天 24～32℃，夜间 15～18℃。

2. 光照

番茄是喜光作物，但光照过强，如炎热的夏季中午，也会造成日灼病、芽枯等生理伤害，因此需要适当遮光；光照偏弱会造成落花、落果和植株徒长等不良生育现象。

3. 水分

番茄属于半耐旱性蔬菜，其根系发达，吸水能力较强；但其叶量大且结果多，因此栽培上需要较多水分。生长前期需水量较少，盛果期要求水量充足且灌水均匀，否则会出现减产、果实畸形、裂果等问题。

4. 土壤

番茄的适应性较强，最适宜在土层深厚、排水良好、富含有机质的肥沃土壤中生长。

5. 需肥规律

每 5 000 千克番茄产量需要纯氮 17 千克、五氧化二磷 5 千克、氧化钾 10 千克。结果期对各元素的吸收比例为：氮∶磷∶钾∶钙∶镁＝1∶0.3∶1.8∶0.7∶0.2。若氮肥施用过多，植株生长旺盛，口感品质差，易感染病虫害和发生茎腐等生理病害。所以氮、磷、钾和微量元素应配合施用。应以施用有机肥为主，化肥为辅，以改善土壤的通透性和保肥保水能力。

6. 二氧化碳

增施二氧化碳气肥能够使番茄产量和植株的抗病性大大增加。一般控制二氧化碳浓度为千分之一。

（三）选用品种

宜选择抗病、高产、耐贮运的品种，怀柔地区以东圣、仙客2 号为主栽品种。

1. 东圣

粉红色，早熟，前期产量高，商品性好。果皮厚、耐贮运。抗性好，高抗花叶病、叶霉病、枯萎病、灰霉病及筋腐病，耐热性好。

2. 仙客 2 号

抗根节线虫、病毒、叶霉病和枯萎病。无限生长。粉色。单果重约 180 克，果肉较硬，圆或高圆形，熟性比金棚 1 号早。

适合保护地根结线虫发生严重的地区或作砧木。

3. 金棚 1 号

果实无绿肩，高圆苹果型，表面光滑发亮。基本无畸形果和裂果。单果重 200～350 克。货架寿长，口感风味好，高抗花叶病毒、叶霉和枯萎病。晚疫发病低，极少发生筋腐病，耐热性强，适宜秋冬茬种植。

4. 蒙特卡罗

无限生长类型，株型紧凑，叶片稀疏，光合效率高，适合保护地弱光条件下栽培。早熟，果实膨大快，坐果能力强。果实粉红色，色泽鲜艳。高圆型，无绿肩。单果重 250～350 克，大小均匀。果肉厚，硬度高，耐贮存。前期产量高。高抗病毒、叶霉和枯萎病，中抗灰霉、晚疫病。

（四）冬春茬栽培技术措施

1. 适时播种

播种一般在 10 月底～11 月中旬之间，在温室内采用穴盘育苗，基质配比为草炭∶蛭石∶田园土 4∶2∶4，用 50～60℃ 的温水浸种，待水温降至 30℃ 后停止搅拌，然后将种子放入 10％ 磷酸三钠溶液中浸泡 20 秒，捞出种子用清水反复淘洗干净并沥干水分，放入容器中，上盖湿毛巾，置于 25～30℃ 下催芽，隔 1 天淘洗 1 次种子，2～3 天后出芽，待 60％ 的种子露白即可播种。将配制好的育苗基质装入穴盘内，刮平后在穴中央打 1～1.50 厘米深的孔，每穴 1 粒，用基质封孔，刮平盘面，浇透水，上盖一层薄膜以利于保湿。

2. 苗床温度管理

播种后要保持穴盘内基质湿润，室温白天 25～28℃，夜间不低于 20℃，待出苗 50％ 后撤去薄膜，以利幼苗尽早见光。苗出齐后要适当控制水分，及时降温，白天 20～24℃，夜间保持在 15℃。整个苗期要保证充足的光照条件，及时间苗。适当控制水肥，以利于花芽分化，防止徒长，形成高脚苗。

3. 整地及定植后的管理

定植前 10～15 天，每 667 米^2 施腐熟农家肥 8 000～10 000 千克，过磷酸钙 100 千克，尿素 30 千克。深翻耙细，定植行采用宽窄行起垄地膜覆盖的方法，行距 65 厘米，株距 30 厘米，垄高 20 厘米，垄面覆盖一层塑料薄膜，畦面正中开宽 12 厘米、深 15 厘米的小沟，用于膜下灌水。

（1）定植　选用苗子要均匀一致，每垄栽 2 行，株距 30 厘米，每 667 米^2 定植株数 3 500 株左右。定植时既不能太深，也不能太浅，以埋过土坨为准。及时浇透水，以利缓苗。

(2) 温湿度管理 在缓苗期温度管理上，白天控制在 23～28℃，夜间 17～18℃。从第 1 花序现蕾至开花坐果，白天 23～30℃，夜间 15℃以上，地温 20℃左右。第 1 花序开花期，室温保持在白天 25～28℃，夜间 15～20℃，以利于授粉受精。进入结果期后，前半夜保持 13～15℃，促进光合物质运转；后半夜控制较低温度，保持 10℃以上，抑制呼吸消耗，利于干物质积累。果实进入绿熟期后，温度尽量从高调控，以促进果实成熟上市。一般适宜空气相对湿度为 45%～55%。当室内白天的空气相对湿度超过 80%时，即使阴天，也应在中午短时间内通风排湿，但室内的最低气温不得低于 8℃。在此期间，要保持增施二氧化碳，在保证番茄正常生长所需的温度条件下，尽量早揭晚盖帘，以延长光照时间。遇阴天雪天，也应在停雪后的白天揭开草苫，增加室内光照。

(3) 肥水管理 浇足定植水，通常在第一穗果核桃大以前不浇水，在沟中松土提温保墒。当第一穗果坐住并开始膨大时追肥浇水，每 667 米^2 施入尿素 15 千克，第 2、3 穗果膨大时，均应结合生长需要进行浇水。同时结合浇水，每 667 米^2 追施尿素 7～10 千克、硫酸钾 10 千克，以促进果实生长和迅速膨大。在番茄盛果期，结合喷药进行叶面喷肥，用 0.30%～0.50%尿素和 0.50%～1%磷酸二氢钾混合喷施肥 3 次，对于促进植株健壮，延迟衰老，提高果实品质和产量有较好的作用。

(4) 保花保果 在第 1 穗花有 3～4 朵开放时，可在 8：00～9：00 露水散后用毛笔蘸药涂花柄或蘸花，可有效防止落花和促进果实膨大。常用浓度 0.03%～0.04%的番茄灵蘸花，也可用 0.01%～0.02%的 2，4 - D。为了防止重复蘸花，可在激素溶液中加一点红色广告色做标记。蘸花要避开中午高温时间，不要把药液蘸到叶和生长点上。

(5) 植株调整 当秧苗长至 30 厘米左右时用尼龙绳吊蔓，吊蔓要结合植株的长势与整枝同时进行。番茄采用单蔓换头整枝，待 4～5 穗果坐住后，上边留 2 片叶摘心，以后选留强健侧枝代替主茎伸长作为结果枝。摘除全部叶腋内长出的侧枝，摘除侧枝的长度一般在 5～7 厘米长时进行。一般每株留 7 穗果，每穗果留 3～5 个果，其余的花果全部摘除。疏花疏果应及时进行，以免徒耗养分。茎蔓过长时，可在下部果实采收后摘去老叶进行落蔓，以促进果实成熟，减少病害，改善通风透光条件。

（五）秋冬茬栽培技术措施

1. 播种育苗

（1）适期播种 一般采用 72 孔穴盘无土育苗，育苗基质为蛭石与草炭按体积 1∶1 的比例掺和装入穴盘中，将基质浇透水后进行播种，播种后覆盖蛭石 1.5 厘米，与穴盘边缘持平。

（2）培育壮苗 育苗在日光温室中进行，温室的上、下、后风口和进门处安装 50 目的防虫网，每隔 5 米处在苗床上 1 米悬挂黄板一张。播种后，注意苗期管理，在子叶完全展开后查苗补苗。苗出齐后，在晴天 10：00～15：00 加盖遮阳网。两叶一心时，基质的含水量保持在 70％左右，以后严格控制水分，掌握不旱不浇的原则。温度白天保持在 30℃左右，3 片真叶完全展开时开始冲施 0.2％复合肥，以后酌情施入营养液。同时，为避免幼苗出现高脚苗的现象，采取喷施矮壮素的方法（10 毫升兑 7.5 克水）。日历苗龄 30 天，选择长势健壮的幼苗定植。

（3）病害的防治 苗期主要为猝倒病和立枯病，防治方法：首先是提高地温，保持苗床土疏松，出苗时注意通风换气。除了在播种前对土壤消毒外，如果发病，应先拔除病苗，以防蔓延，喷洒 75％百菌清可湿性粉剂 600 倍液或 64％噁霜·锰锌（杀毒矾）可湿性粉剂 1 500 倍液任选一种，每隔 7 天 1 次，连喷 2～3 次。

2. 定植

（1）定植前的准备 定植前彻底清除前茬作物植株病体及棚

内杂草,用一熏双除对温室消毒。盖好棚膜,封严温室所有通风处,高温闷棚 20 天。同时每 667 米² 施用有机肥 5 000 千克,复合肥 100 千克,钾肥 20 千克,并结合整地喷施 200～300 克 1.8% 阿维菌素乳油预防根结线虫的发生,然后起垄做成小高畦。定植前 3 天,在温室中悬挂 28 张黄板,观测烟粉虱的清除情况,温室的上下风口处及进门处安装 50 目的防虫网,防治蚜虫、白粉虱、烟粉虱等虫害。

(2) 定植 选晴天上午定植。定植时选用健壮无病的种苗,在移栽时保证苗坨完整,定植采用大小行栽培,定植株行距为 30 厘米×75 厘米(每 667 米² 3 000 株),定植后浇透定植水。

(3) 定植后温度的管理 当白天外界的最高气温低于 25℃,夜间温度低于 15℃ 左右时,开始加盖草苫。秋冬茬番茄温室栽培恰好在外界气温由高逐渐降低的秋季和冬季,因此,温室内温度的调节也要随着外界气温的变化和番茄不同生育阶段对温度的需求而灵活掌握。温室内温度的调控主要是通过提前或推迟揭盖草苫时间、变换通风方式及增减通风量来实现。

一般白天掌握在 25～28℃,最高不宜超过 30℃,夜间控制在 15～17℃,清晨最低温度不宜低于 8℃。

(4) 结果期的水肥管理 番茄整个生长过程中要注意水肥的供应。浇完定植水后,第二次浇水则在第一果穗长到核桃大时,使用尿素 15 千克、硫酸钾 20 千克。以后每穗果的膨大期都采用此方法。为有效防止植株出现早衰,促进果实发育膨大,除在结果期追肥外,还要进行叶面喷施微肥(硫酸锌 0.1% + 硼酸 0.2%)

(5) 植株调整及疏花疏果 为促进植株生长,要做好植株调整工作,在植株长到 60 厘米时,使用尼龙绳吊秧,以后随植株的生长不断绕秧,在蘖芽长到 8～12 厘米时于晴天及时将蘖芽清除。每果穗果实坐住后疏除大小不均匀的果实及畸形果,使每穗的果实整齐。一穗果果实进入绿熟期时,根据植株长势摘除一穗果以下的老、病叶甚至所有叶片，以利于通风透光。

当植株留够 5 穗果时，将顶端生长点摘除，这样可以提高坐果率，促进果实发育。摘心时在最后一段花序上留 3 片叶，同样有利于果实发育。

3. 保温防寒

定植前挖好防寒沟，并填充玉米秸秆等防寒物，宽度 30～40 厘米，深度 50～60 厘米，并且覆盖一层 10 厘米的土，防止防寒物被大风刮走。温室内置防寒幕。在日光温室外侧下风口处加盖废旧草帘，温室进门处设置挡风屏障，可以有效阻止冷空气进入温室内，使棚内温度提高到 18℃，11 月底之后在温室内采用二氧化碳气体施肥来提高植物光合作用，从而提高产量。

（六）病虫害防治

1. 病害防治

主要有黄化曲叶病、晚疫病、灰霉病、叶霉病等病害。

（1）番茄黄化曲叶病　染病番茄植株矮化，生长缓慢或停滞，顶部叶片常稍褪绿发黄、变小，叶片边缘上卷，叶片增厚，叶质变硬，叶背面叶脉常显紫色。生长发育早期染病植株严重矮缩，无法正常开花结果。生长发育后期染病植株仅上部叶片和新芽表现症状，结果数量减少，果实变小。成熟期果实着色不均匀（红不透），基本失去商品价值。

防治方法：杜绝烟粉虱，采用 50 目以上防虫网隔离，放风口处设 50～60 目防虫网隔离。培育无病无虫苗，减少病毒源。播种前对种子进行消毒。育苗前彻底清除棚内外杂草和残留植株，并闭棚熏杀残留虫源，以防苗前带毒；必要时喷施农药，发现病苗及时拔除。订购种苗时建议选择有病害防范能力的正规育苗厂家。

（2）番茄晚疫病　主要危害叶片和青果，也可危害茎部。淋雨或滴水、冷凉条件下为害严重。叶片染病在叶尖或叶缘处出现污褐色湿润状近圆形病斑，似开水烫伤状，直径约 2～3 厘米。前期病部果肉质地硬实，果皮表面粗糙，颜色加深呈暗棕褐色，潮湿时长出白色霉层。

防治方法：发病初期每 667 米² 用 45％ 百菌清烟剂 200～300 克熏烟或 5％ 百菌清粉尘剂 1 千克喷粉；还可用 72％ 双脲氰·锰锌可湿性粉剂 500 倍液，或 72.2％ 霜霉威盐酸盐水剂 600 倍液喷雾防治，每 7 天喷施一次，交替使用。

(3) 番茄灰霉病 主要危害青果和叶片。叶片受害一般先从叶尖开始，病斑呈"V"形，灰褐色，有轮纹。病斑逐渐扩大，并引起叶片枯死，表面生少量灰霉。果实染病，初期果皮变白、软腐，后期产生大量灰色霉层，呈水腐状，失水后果实僵化。

防治方法：发病初期每 667 米² 用 5％ 百菌清粉尘剂 1 千克喷粉，每周一次，连用 2～3 次，或 50％ 异菌脲可湿性粉剂 600～800 倍液等药剂喷雾。另外及时摘除病茬、病果，摘除花瓣及柱头，采用生态防治措施，降低棚室湿度。

(4) 番茄叶霉病 又称黑毛，主要危害番茄叶片，严重时也可侵染叶柄、茎、花和果实。被为害叶片正面出现椭圆形或不规则形淡绿色或淡黄色褪绿斑，直到整个叶片枯黄。叶背面形成近圆形或不规则形白色霉斑。

防治方法：发病初期用 50％ 硫黄悬浮剂 300 倍液或 50％ 硫黄·多菌灵（多硫悬浮剂）700～800 倍液进行预防，或用 40％ 氟硅唑（福星乳油）8 000～10 000倍液或 10％ 苯醚甲环唑（世高）水分散颗粒剂 2 000～3 000 倍液交替喷施。

(5) 番茄病毒病 常见有花叶型、蕨叶型、条斑型 3 种。

防治方法：主要选用抗病毒品种，减少蚜虫和白粉虱的发生，发病初期可使用 20％ 吗胍·乙酸铜可湿性粉剂 500 倍液喷施防治。

(6) 根结线虫病 危害根部，使根部出现肿大畸形，呈鸡爪状。本病也有些在植株侧根及须根上造成许多大小不等近似球形的根结，使根部粗糙，形状不规则。剖开根结或肿大根体，在病体里可见乳白色或淡黄色雌虫体及卵块。番茄植株地上部表现为发育不良、叶片黄化、植株矮小，结果较少且小，产量低，果实品质差。干旱时，得病植株易萎蔫，直至整株枯死，损失严重。

防治方法：可在播种或定植前 15 天，选用 1.8% 阿维菌素（爱福丁）每平方米 1.5 毫升的药量灌根；10% 苯线磷、3% 氯唑磷（米乐尔）等颗粒剂，拌均匀，撒施后再耕翻入土，每 667 米^2 用药量 3～5 千克。或每年 6～7 月，施用未腐熟牛粪每 667 米^2 5 000 千克，或洒施石灰氮每 667 米^2 30 千克与土壤充分混匀，高温闷棚杀菌。

2. 虫害防治

(1) 棉铃虫

①危害特点。以幼虫蛀食番茄植株的蕾、花、果和茎，并食害嫩茎、叶和芽。蕾受害后，苞叶张开，变成黄绿色，2～3 天后脱落，幼果常被吃空或引起腐烂而脱落，成果被蛀后失去食用价值，造成严重减产。

②防治方法。喷施高效 Bt（16 000 国际单位/毫克）可湿性粉剂 1 000～2 000 倍液，或 20 亿/毫升棉铃虫核型多角体病毒悬浮液，每 667 米^2 50～60 毫升。化学农药可用 2.5% 氟氯氰菊酯（功夫）乳油 2 000～4 000 倍液，5% 顺式氯氰菊酯（快杀敌）乳油 3 000 倍液防治。

(2) 美洲斑潜蝇

①危害特点。雌成虫在羽化后常常用产卵器在植物叶片上探刺，然后取食流出的汁液，雄虫也取食，探刺的地方留下小白点。幼虫在叶片的栅栏组织内钻蛀取食为害，形成隧道，损害叶片。

②药剂防治。抗生素药剂 1.8% 阿维菌素（爱福丁）乳油 3 000 倍液喷雾。植物性药剂 1.1% 烟碱·百部碱·楝素（烟百素）1 000～1 500 倍液喷雾，持效期可长达 20 天以上。

(3) 蚜虫 防治方法：可采用黄板诱杀，或采用 50％抗蚜威（辟蚜雾）可湿性粉剂 2 500～3 000 倍液，或 20％吡虫啉（康福多）水溶剂 3 000～4 000 倍液。

七、日光温室油菜周年生产种植模式

油菜属十字花科植物，全国大部分地区均有种植。油菜以其生长周期短，且耐贮运等特点，深受广大种植户的青睐。因此利用日光温室种植，可进行周年生产，效益较高。

在日光温室内采用分批播种，分次采收的模式，全年可种植 7 茬。第一茬于 12 月上旬播种，次年 2 月中旬收获；第二茬于 2 月中旬播种，4 月中下旬可收获；第三茬于 4 月下旬播种，6 月上中旬可收获；第四茬于 6 月中旬播种，7 月中旬收获；第五茬于 7 月中旬播种，8 月中旬收获；第六茬于 8 月中下旬播种，9 月下旬收获；第七茬于 10 月上旬播种，12 月上旬可收获。

(一) 品种选择

选择生长快、抗病性强的油菜品种"华冠"。

(二) 播种育苗

日光温室栽培油菜一般采用育苗移栽方式，用种量较少，且提高土地的利用效率，定植 667 米^2 菜苗需 100～150 克种子。

首先精细整地，选土质疏松，排灌条件好的地块，做成平畦；畦宽一般 1.3～1.5 米，畦长根据温室宽度而定，定植 667 米^2 油菜需要 67 米^2 的苗床；施足底肥，每平方米苗床施入腐熟有机肥 5 千克，翻地将土肥混合均匀。播种前浇透水，待水完全渗入土壤后，开始播种。播种可采用条播或撒播，每平方米均匀撒 2 克左右种子，然后覆土，覆土厚度约 2～3 毫米。11 月～次年 3 月播种育苗时，最好在育苗畦加盖拱棚，用地膜覆盖，保湿保温，出苗后即可撤掉拱棚。

夏季温度高，育苗要采用遮阴育苗。冬季育苗，出苗后要及时打开塑料膜，防止徒长，天气潮湿多雾时要通风降低湿度，防止猝倒病。两叶一心时间苗，剔除过密的细弱苗、畸形苗和病虫苗，苗间距离为3厘米左右。间苗后随即浇一水，以后保持畦面见干见湿。采取普通日光温室育苗，一般白天棚温达20℃以上时即要放风，棚内最高温度不要超过25℃。苗龄20～30天，苗子生长到4～5片叶时，便可以定植。

（三）定植

每667米² 施入腐熟有机肥3 000千克，然后翻地做成平畦，定植畦宽1.5米左右。定植株行距10～15厘米左右。定植前1～2天，育苗畦浇透水，起苗时最好多带土。定植后要立即浇水。冬季气温低时应选择晴朗日子进行定植，注意保温；4～5月、9～10月气温高时，定植要避开正午，选择下午进行定植，定植后注意降温，防干旱。

（四）定植后的管理

定植后要及时浇水，待土壤湿度适中时进行中耕。冬季11月～次年2月气温较低，有时会有连阴天，如果温室内湿度大又不通风，容易发生霜霉病等病害，因此浇水不要太勤，要注意在晴天时进行浇水，水分管理以见干见湿为宜，避免过干或过湿。此季节植株生长缓慢，可以等缓苗后随水施速效肥，每667米² 20千克。3月下旬以后气温逐渐升高，要注意通风降温。白天最高温度控制在25℃左右。夏季6～8月，中午前后可采用遮阳网降温。

（五）采收

当单株重量达到30～50克时，即可收获。低于40克以下捆扎成把，高于 40 克以袋装出售。一般定植 25～40 天便可采收。早春 2～4 月，生育期较长，可到 40～45 天，4 月中旬以后生育期逐渐缩短，可以根据实际生长情况及当时的菜价适时采收。

（六）病虫害防治

9 月～11 月天气比较干燥，温度由高逐渐降低，病害发生以病毒病为主。由于病毒病可由蚜虫传播，因此防治病毒病首先要防治蚜虫，采用大棚四周加防虫网，及时喷洒防治蚜虫药剂等方法。其次避免空气和土壤干燥，水要勤浇，见干见湿并保持空气湿润，可以大大减少病毒病的发生。此季节虫害发生也较多，主要有斑潜蝇、菜青虫、小菜蛾、蚜虫和黄条跳甲。防治斑潜蝇可以使用阿维·杀虫单（斑潜净）乳剂，20％阿维·杀虫单乳剂（斑潜净）1 500～2 000 倍；菜青虫、小菜蛾、蚜虫等可用吡虫啉（菜虫一遍净）、茚虫威（杜邦安打）、氟虫脲（卡死克）等防治，10％吡虫啉可湿性粉剂（一遍净）10～20 克兑水 50 千克喷雾，5％氟虫脲可湿性粉剂（卡死克）2 000 倍液；跳甲用啶虫脒（锐高）等药剂防治。

冬春油菜病害发生以霜霉病为主，叶片出现多角形斑，叶背病斑处有明显霉层。此病害发生于阴天过多、湿度过大的温室内，通风除湿可降低发病，也可以选择在晴天喷洒双脲氰·锰锌（克露）、百菌清等药剂进行防治，72％双脲氰·锰锌可湿性粉剂（克露）配成 600～750 倍液喷雾，75％百菌清可湿性粉剂配成600 倍液喷雾。

八、日光温室上茬西瓜、下茬番茄高效种植模式

随着旅游业的不断发展，设施观光采摘形式取得了很好的效果。近几年，日光温室早春西瓜、秋冬茬番茄一年两茬高效栽培

模式中，西瓜于五月中旬开始采收，通过观光采摘，每 667 米² 生产西瓜 3 800 千克，按每千克 5 元计算，每 667 米² 西瓜产值可达 1.9 万元；番茄于元旦、春节期间采收，每 667 米² 生产番茄 8 000 千克，每千克按 3 元计算，收入可达 2.4 万元，两茬总收入可达 4.3 万元。此种植模式适宜在园区及旅游观光沿线进行生产种植，具有较大的推广价值。

(一) 茬口安排

西瓜于 2 月初播种，3 月中旬定植，5 月中旬开始上市；下茬番茄 7 月中旬播种，8 月中旬定植，11 月中旬开始采收。

(二) 主要栽培措施

1. 早春茬西瓜

(1) 播种育苗 播种期为 2 月初播种，苗期 35～40 天（实生苗），生茬地可不进行嫁接，每 667 米² 播种量 60～120 克。3 月中旬定植，五月中旬开始上市。此茬口育苗期温度低，必须使用地热线或其他加温设施。

①品种选择：选择目前生产中抗病性、产量、品质表现较好的西瓜品种进行种植，如超越梦想、红小帅和红小帅 2 号、传奇等。砧木品种一般选用菜葫芦、瓠瓜，也可用黑籽南瓜。

②种子消毒：育苗前应进行种子消毒处理，方法主要有：

温汤浸种：将 55～60℃的温水倒入盛有种子的容器中，边倒边搅拌，水量大约相当于种子体积的 3 倍。待水温降至室温，静置浸种 4～6 小时。注意水引发和用干热风消毒处理过的种子用 30℃的水浸种。这种方法可杀死种子表面的病菌，但对种子内部的病菌不能彻底杀死。

药剂消毒：药剂消毒浸种的方法常用的有以下几种。①用 100 倍福尔马林浸种 30 分钟；②用 50％多菌灵可湿性粉剂 500 倍液浸种 50 分钟，或用 10％磷酸三钠的水溶液浸种消毒。种子经药剂消毒浸种后,清水冲洗 2～3 次,洗净药液种子消毒后还应在常温下浸种 4～6 小时,使其充分吸收水分,然后洗净种壳上的黏膜和杂质,准备催芽。

③催芽:把经过消毒处理并浸种的种子用湿纱布包好,外包一层塑料薄膜,放入恒温箱中进行催芽,也可将种子与湿沙子按 1：1 的比例拌匀后放入恒温箱内,上盖湿毛巾或纱布保湿。调节并保持育苗箱内的温度在 28～30℃。24 小时后大多数种子都可发芽,在芽长不超过 1 厘米时即可选芽播种。

④播种:有 70% 的种子露白时开始播种。如采用贴接,砧木播种后 3～4 天再播种接穗,采用插接则砧木接穗同时播种。播种前一天装好营养土,浇透水,播种时将种子轻轻放入育苗钵内,并注意将芽尖向下,播种后,在畦面上撒过筛细土或蛭石 1～1.5 厘米,并随即浇一次透水。

对于连续种植茄果类的地块,应进行嫁接。日光温室西瓜嫁接时天气无风晴暖为好。嫁接前准备好竹签、刀片、嫁接夹、营养钵等。

嫁接适期在西瓜播后 10～12 天,第一片真叶展开时为宜。砧木一般在播种后 3～5 天,两片子叶展开时进行嫁接。

嫁接管理见日光温室越冬黄瓜一年一大茬高效种植模式的管理方法。

⑤苗期管理

a. 温度管理:早春栽培育苗应在苗床中进行。将育苗钵按序排放在苗床中,在育苗钵下铺设电热线,并设小拱棚覆盖,夜晚寒冷可通电加温。若铺电热线不方便,也可在苗床下垫酿热物。白天小拱棚内气温保持在 25℃ 左右,晚上 18～20℃。晴天温度超过 30℃ 时应在 10：00 将小拱棚的棚膜揭开降温通风,同时让幼苗充分接受阳光,15：00 左右覆盖。若遇低温寒潮天气,则在小拱棚上加盖无纺布或草帘,增加保温效果。通风换气不要固定在一个位置,以免影响幼苗生长、发育不均匀。定植前一周应注意适当炼苗。

b. 湿度管理：浇水应在晴天 10：00 后，15：00 前进行，苗床相对湿度控制在 60% 左右。

c. 苗床施肥：在育苗期间一般不用施肥，但若营养土质量太差，在瓜苗一叶一心期后，可用叶面肥进行喷施。

d. 病虫害防治：苗床内最常见的是猝倒病。发病后，瓜苗茎秆近泥土处呈水渍状腐烂倒苗。注意苗床通风换气，控制浇水，并可用药剂进行防治。如喷施 72.2% 霜霉威盐酸盐（普力克）水剂或 58% 甲霜灵·锰锌可湿性粉剂等针对性药剂进行防治。

（2）定植

①整地做畦：栽培小型西瓜的土地须进行深耕。为了加厚土层，利于排水，一般每 667 米^2 施腐熟有机肥 6～7 千克，做畦时施三元复合肥 30～40 千克，过磷酸钙 30 千克，开沟深施于畦中间，然后做成龟背畦。1.4 米单垄双行种植或 1.1 米单垄单行种植。株距以 30～60 厘米为宜，每 667 米^2 定植株数在 1 600～2 000 株左右。

②定植：早春栽培定植选择在晴天气温较高时进行。定植前先在种植行上打穴，在畦面上覆盖地膜，然后将育好的瓜苗连同土块整个放入穴中，封土浇水。注意在去营养钵时，尽量不要使土块散开。

（3）田间管理

①肥水管理：西瓜在生长期间需肥量较大，肥水管理极为重要，一般可分为三个阶段进行追肥。一是定植缓苗后，应促其早发，每 667 米^2 施 3～4 千克尿素（底肥足的情况下也可以不施），当蔓长到 60～70 厘米时，应对肥水加以控制，控其旺长，促其坐果。二是膨瓜肥，此时以磷钾肥为主，每 667 米^2 可施硫酸钾复合肥 15～20 千克。三是中后期管理，利用叶面喷肥补足营养，提高品质，补氮一般用 0.3%～0.5% 的尿素液，补钾一般可用 0.2% 磷酸二氢钾浸出液，补磷一般喷施 0.4%～0.5% 过

磷酸钙浸出液，补硼可喷施 0.3%～0.4%的硼砂液。

对于水分的管理，除结合追肥灌水外，在出现干旱的时期需及时进行灌水。在成蔓期土壤水分不足，会导致瓜蔓生长细弱，叶面积小，还可能引起花叶病毒病的发生。在果实迅速生长膨大期，要求水分供应充足。果实进入成熟阶段时应控制灌水，以增加小型西瓜的糖度，且可避免病害的发生。

②整枝理蔓：小型西瓜瓜型小，故整枝宜早宜轻。小型西瓜在栽培上一般采用双蔓整枝，即除主蔓外，在植株下部 3～5 节间选留 1 条生长旺盛的子蔓作为营养枝，其余的侧蔓全部都摘除，留主蔓结瓜。

③人工辅助授粉：小型西瓜的商品性较高。对西瓜的品质要求较高。早春栽培，阴雨天较多，气温低，故小型西瓜在栽培中须进行人工授粉。通常第一朵雌花由于节位较低，不宜留瓜，从第二朵雌花开始选花授粉。为了确保授粉作用，应选在晴天9：00后进行，即采摘当天清晨开放的雄花，去掉花冠，露出花药，将花药轻轻涂抹在刚开放的雌花柱头上。每朵雄花一般授1～2 朵雌花，每株植株授 2～3 朵雌花，应尽量使授粉均匀、充分。授粉挂标签，以示授粉日期。

④选瓜：在瓜坐稳且长至鸡蛋大小时，需选留子房大而正，瓜柄直而粗的小瓜，而那些发育不良的畸形瓜需及时除去。每株保留 1～2 个瓜。当幼瓜坐稳之后，将蔓的顶端摘心，对不结瓜的子蔓也要进行摘心，将其他的侧蔓都除掉，使养分集中以促进瓜的迅速生长，摘心时需保留主蔓有 25～30 节节位，使结瓜节位的上下都有较多的叶片，增进营养物质的积累。

⑤病虫害防治：生产中要贯彻"预防为主，综合防治"的原则。西瓜生产中常见的病虫害及防治措施为，苗期常见的猝倒病，可用 50%异菌脲（扑海因）可湿性粉剂 800 倍液或 70%的甲基硫菌灵甲基托布津（可湿性粉剂）800 倍液；立枯病可用72.2%霜霉威盐酸盐可湿性粉剂（普力克）或 50%多菌灵可湿

性粉剂 600～800 倍液喷施；病毒病可用 20%吗胍·乙酸铜可湿性粉剂 500 倍液或植病灵乳油 1 000 倍液喷施，喷施 2～3 次。蔓枯病用 70%甲基硫菌灵甲基托布津（可湿性粉剂）300 倍灌根，或用 70%敌磺钠敌克松（可湿性粉剂）、50%代森锌可湿性粉剂 500 倍液、75%百菌清可湿性粉剂 600 倍液喷施。虫害主要有蚜虫和潜叶蝇等，可用 10%吡虫啉可湿性粉剂 1 500 倍液喷施。

(4) 采收 小型西瓜成熟后应及时采收，西瓜的成熟度与品质密切相关。采收过早，未达到成熟，糖分很低，无食用价值；采收过迟，肉质松软，糖分变低，降低了食用价值。小型西瓜成熟与否，一般可根据授粉时所挂标签日期，抽样切瓜检验是否成熟，然后推算出授粉到成熟所需的天数，以后据此分次收获。

(5) 遇灾害性天气的管理 灾害性天气即对冬暖大棚生产造成危害的连续阴雨、低温、大风、大雪等外界环境条件。阴雨、降雪、大风天气，影响棚室西瓜越冬期间的正常生长，冻害和弱光可造成"光饥饿"死苗。出现灾害性天气后，应根据情况，采取积极的防护措施，防止棚室出现损失。

低温冻害的防护措施：连续阴天时，首先要加强保温，加盖草苦或防雨保温膜来减少棚室内温度的消耗。在棚室内气温降至 8℃以下时，要考虑临时加温。加温的方法很多，可采用煤炉加排烟筒加温、炭火盆加温，也可采用电热线加温。加温时要注意安全，首先防煤气（一氧化碳）中毒。用煤炉或炭火盆加温时，要注意防止有害气体的浓度太大，及时排放。有人错误地认为，采用木炭燃烧不产生煤气，在棚室加温时，不采取任何防护措施，导致操作人员中毒事件发生。电加热时要防止接错线、拉断线造成人员伤亡。

光照不足的管理措施：阴雨雪天，不能只为保温，连草苦也不拉开，连续盖 4～5 天，这样对西瓜极为不利，会因光饥饿死苗。阴天要揭苦，雨雪天气要尽量揭苦，可隔一块揭一块，让少量散射光照进入比较有利，有条件的可在棚室内吊灯泡补光，有一定的效果。

遇到连续 4~5 天以上的阴雪天气又骤然转晴后，切勿早揭和全揭草苫，防止气温突然升高和光照突然加强，导致"闪苗"死棵。要揭"花苫"，喷温水，防止"闪秧"死棵。即掌握适当推迟揭草苫接受光照的时间，并且要隔 1 个或隔 2 个草苫揭开 1 个草苫，使棚内栽培床面积上隔片段受光和遮光。当受到阳光照射的西瓜植株出现萎蔫现象时，立即喷洒 15℃ 左右的温水，并将揭开的草苫再覆盖，而将仍盖着的草苫揭开。如此操作管理一个白天，第二天即可按常规管理拉揭草苫，就不会出现萎蔫闪秧了。

2. 秋冬茬番茄

(1) 适宜播种期 日光温室秋冬茬番茄自 7 月中旬左右播种。11 月中旬开始采收。

(2) 品种选择 应选择抗病性好、坐果率高、果实发育快、商品性好的品种。如：抗 TY 品种吉安娜、欧美佳，抗根结线虫品种仙客 6 号、仙客 8 号，或生产上表现较好的品种浙粉 702 和欧盾等。

(3) 培育壮苗 种子用温烫法消毒，再用磷酸三钠消毒。洗净种子，再用 30℃ 温水浸种 5 小时。甩干水，用湿纱布包好，在 28~30℃ 下催芽，种子"露白"时即可播种。7 月份育苗，注意防雨，适当遮阴，加强病虫害防治。浇水要及时，防止高温干旱，适期早分苗，苗距 15 厘米×15 厘米，防止徒长苗。

(4) 定植前准备 施足底肥：施足基肥是获得高产的关键。建议每 667 米² 施腐熟有机肥 8~15 米³，硫酸钾 10 千克。

做畦、合理密植：施足底肥后，深翻土地，做成瓦垄畦，畦宽 1.3 米，采用大小行栽培，大行距 80 厘米，小行距 50 厘米，株距 40 厘米，每 667 米² 2 500 株左右。有滴灌设施可采用高畦栽培，先铺薄膜，后定植。无滴灌设施要采用膜下沟灌，在小行距中间做浇水沟，上覆盖地膜。定植时选择大小一致的壮苗定植，尽量少伤根。

（5）定植后管理

①定植到缓苗：定植后到开花前仍然是处于苗期，此阶段主要以促进缓苗生长为主，定植后 5～6 天新叶开始生长表明已经缓苗，此时浇一次缓苗水，不可过大。温度为白天 30℃，夜间 15～18℃，维持 1 周时间。

②蹲苗期：此阶段主要是调节地下根部与地上部分的关系，调节秧果关系。白天温度保持在 24℃左右，夜间 13～15℃，维持 1～2 周时间。在此期间不浇水，不追肥，每周中耕一次。

③果实膨大期管理：该时期应当全面促进果实生长膨大。开花期一般采用甲硫·乙霉威（果霉宁）或振荡授粉器进行授粉，在不同温度下使用不同浓度。及时进行疏果，每穗最多留 4 个果，疏掉病果、畸形果、小果。每穗果实膨大到核桃大小时追肥一次，以速效钾肥为主，每 667 米² 施 10～15 千克。

④植株调整：植株采用吊蔓方式分两行直立向上吊蔓，3～5 天顺时针方向绕蔓一次，定植后侧枝长 8～10 厘米时及时去掉。当每穗果实进入绿熟期时将下部叶片全部去掉。

（6）病虫害防治 坚持"以防为主、综合防治"的原则。以"农业防治、物理防治、生物防治为主，化学防治为辅"的原则。

①晚疫病：可用 72％双脲氰·锰锌可湿性粉剂（杜邦克露）500 倍液或 72.2％霜霉威盐酸盐（普力克）水剂 600 倍液喷雾防治。

②叶霉病：可用 25％嘧菌酯悬浮剂（阿米西达）1 000 倍液；40％氟硅唑（福星）乳油 3 000 倍液；47％春雷·王铜（加瑞农）可湿性粉剂 1 000 倍液；在顶部果开始膨大时可用 77％硫酸铜钙可湿性粉剂（多宁）600 倍液防治。

③灰霉病：采取及时摘除萎蔫花瓣，喷施 0.5％氨基寡糖素（施特灵）水剂 600 倍液预防，用 50％乙烯菌核利（农利灵）可湿性粉剂 600 倍液，40％菌核净可湿性粉剂 1 000 倍液，也可在

蘸花药水中加入 3 000 倍液的 50％腐霉利（速克灵）可湿性粉剂预防。阴天时可用百菌清、50％腐霉利（速克灵）可湿性粉剂等烟剂防治，以不增加棚室湿度为宜。

④脐腐病：可在膨果期 7～10 天喷施一次氨基酸钾钙宝 300倍液防治。

⑤白粉虱、蚜虫：可用 10％吡虫啉可湿性粉剂（比丹）1 500 倍液加 30％灭多威乳油 1 500 倍液喷施防治，25％噻嗪酮（扑虱灵）可湿性粉剂 1 500 倍液喷施。

⑥溃疡病：采取在每次整枝打叶片后喷施农用链霉素（1 000 万单位兑水 45 千克）或用 1 000 倍液的 77％氢氧化铜（可杀得 2 000）可湿性粉剂防治。

九、日光温室上茬黄瓜、下茬西葫芦高效种植模式

日光温室上茬种植秋黄瓜，下茬种植西葫芦，通过生产示范，此茬口的经济效益可观。秋黄瓜是秋淡季蔬菜的接荒品种，产量高、生长期短，市场销路广阔。而冬春茬西葫芦生育期较长，而且冬季的生产效益也较高，因此这种种植模式有较好的推广前景。

（一）茬口安排

第一茬秋黄瓜于 7 月初播种，12 月中下旬拉秧；第二茬西葫芦于 12 月中旬播种，翌年 5 月底拉秧。

（二）主要栽培措施

1. 秋黄瓜

根据秋黄瓜生长期的气候特点，应选择抗热、耐涝、抗病、高产、生长势强的品种。

（1）品种介绍　戴多星：从荷兰引进，一代杂交种，强雌性。以主蔓结瓜为主，瓜码密。瓜长 14～16 厘米，无刺无瘤，果皮翠绿色，有光泽，皮薄。口感脆嫩，口质好，耐低温弱光等不良条件，抗病性较强，丰产性好。

（2）整地、播种　每 667 米^2 施腐熟有机肥 3 000 千克，整地做成高畦，铺上银灰色地膜，高畦两侧开穴（每畦开 2 行穴）。畦上 2 行的距离 65 厘米，穴距 35 厘米，每穴点播 3～4 粒瓜籽。为保证出苗，可催芽播种。播后覆土 1.5～2 厘米，把薄膜孔用土盖好，齐苗后在畦面薄膜上全面覆一层土，厚度为 1.5～2 厘米。

黄瓜生育期要求有一定的昼夜温差。一般白天 25～30℃、夜间 13～18℃的温度，有利于抑制植株徒长和防止落花落果。

（3）田间管理　采用直播方式。应及时间苗、查苗补缺，3～4 片真叶时定苗，每穴留苗一株。每 667 米^2 定植 2 900 株。发现缺穴断行应及时补苗，确保全苗。定苗后，每 667 米^2 追施氮肥 15～20 千克；采瓜期开始追肥，每隔 15 天 1 次（滴灌则 5～7 天 1 次），每次每 667 米^2 施三元复合肥 15 千克，还可叶面喷施 0.3%磷酸二氢钾加 0.5%尿素。除施肥外，还要注意浇水促长。根瓜采收前后，应控制浇水。进入盛瓜期，一般每隔 3～4 天浇 1 次水；进入结瓜后期，浇水次数相应减少。浇水应小水勤浇，结瓜采瓜期保证水分均衡供应，忌大水漫灌。去掉 1～5 节位的幼瓜，从第 6 节开始留瓜。用塑料绳吊蔓，及时引蔓、去老叶，注意棚内光照、温度、湿度调节。

（4）病虫害防治　贯彻"预防为主，综合防治"的方针，利用农业防治、物理防治、化学防治及生态防治相结合的方法，消除病虫害发生的根源，防止蔓延。为害秋黄瓜的病害主要有霜霉病、疫病、细菌性角斑病等，对霜霉病可用 72%双脲氰·锰锌（克露）可湿性粉剂 800 倍液，或 72.2%霜霉威盐酸盐（普力克）水剂 800 倍液防治，或 5%春雷·王铜（加瑞农）粉尘剂喷粉。常温烟雾防治效果更好。对角斑病可选用 47%春雷·王铜（加瑞农）可湿性粉剂 600 倍液，或 77%氢氧化铜可湿性粉剂 500 倍液喷雾防治。

2. 西葫芦

日光温室西葫芦冬春茬栽培，多在 12 月中旬进行播种育苗，翌年 1 月中旬定植。2 月上旬前后开始采收，直至 5 月中下旬结束。此茬西葫芦主要供应早春淡季市场，一般每 667 米² 产 5 000 千克左右，667 米² 产值可达 8 000 元左右，是目前经济效益和社会效益较高的一种栽培模式。但由于播种及苗期外界温度较低，日光温室的设施结构要求完备，增温保温性能要求优良。

(1) 品种选择 以耐低温能力强、早熟性能好的品种为栽培品种，这里重点介绍两个品种。

①法国冬玉：是耐寒越冬栽培的专用品种。长势旺盛，雌花多，植株第 4～5 节出现第一雌花，定植后约 25～30 天采摘，每叶一瓜。瓜长 22 厘米，粗 5～6 厘米，颜色嫩绿，光泽度特好，品质佳。瓜条粗细均匀，商品性好。中偏早熟，抗病性强，采收期长。

②京葫 33 号：由北京京研益农科技发展中心培育。中早熟，长势强，特耐寒，低温弱光下连续坐瓜能力强。瓜码密，膨瓜快，采收期长，产量高。翠绿色，长 22～24 厘米，粗 6～7 厘米，长柱形。适合北方地区冬季日光温室栽培。

(2) 培育壮苗 日光温室冬春茬栽培一般在 12 月中旬开始播种。为培育适龄壮苗，确保苗齐苗壮，达到早熟高产的目的，此茬西葫芦宜采取先育苗后定植的方法进行，一般不直播。用营养钵或平盘内装配置好的商品营养土进行育苗。

①种子处理：每 667 米² 需种子 400～500 克。播种前将西葫芦种子在阳光下曝晒几小时并精选。在容器中放入 50～55℃的温水，将种子投入水中后不断搅拌，待水温降至 30℃时停止

搅拌，浸泡3～4小时。浸种后将种子从水中取出，摊开，晾10分钟，再用洁净湿布包好，置于28～30℃下催芽，经1～2天可出芽。

②播种：待70％以上种子"出芽"时即可播种。播种时先将营养钵（或平盘）灌透水，水渗下后，每个营养钵中播1～2粒种子，平盘可进行撒播。播完后覆土1.5～2.0厘米厚。播种后，床面盖好地膜，并扣小拱棚。出土前苗床气温，白天28～30℃，夜间16～20℃，促进出苗。幼苗出土时，揭去床面地膜。出土后至第一片真叶展开，苗床白天气温20～25℃，夜间13～15℃。第一片真叶形成后，白天保持22～26℃，夜间13～16℃。苗期干旱可浇小水，一般不追肥，但在叶片发黄时可进行叶面追肥。定植前5天，逐渐加大通风量，白天20℃左右，夜间10℃左右，降温炼苗。

(3) 适时定植

①定植前的准备。前茬黄瓜拉秧后，清洁温室，深翻整地30厘米左右，施足底肥。每667米^{2}底肥以充分腐熟过筛的有机肥6 000千克，磷酸二铵或过磷酸钙40千克为宜。要求起高垄定植，垄向南北，垄高20厘米。一垄栽一行，小行60厘米，大行90厘米（马鞍形高畦），平均行距75厘米左右。

②定植。为了更好地利用温室空间，做到合理密植，小垄双行之间要采用三角形定植法，即小垄上两行采用错开插空定植。定植时要注意以下几点：一是定植应选择在连续晴天上午进行，以利于缓苗及幼苗的生长发育，切忌阴天定植。二是适龄定植。一般1月中旬前后，日历苗龄28～30天，生理苗龄两叶一心时定植。定植过早，叶片营养面积过小，生长缓慢；定植过晚，根系木栓化，缓苗慢，易形成老苗，推迟结瓜或瓜条变短。三是运苗过程中要尽量不使叶片受伤，特别是要保护好两片子叶，要求带大土坨定植，少伤根或不伤根，以免对以后的花芽分化、产量形成及瓜条形状品质造成不利影响。四是坐水栽苗，定植深度要

均匀一致，以埋没根系为宜，株距 50 厘米，每 667 米² 栽苗 1 800 株左右。另外，定植后要重新修整畦面，做到整齐一致，便于覆膜。

（4）定植后的管理

①缓苗期间：将垄面划锄疏松，便于根系向下伸展，并将垄面垄沟重新修整，做到南北沟底（暗沟）水平或略微北高南低，便于以后浇水。

②覆盖地膜：定植后 7～10 天缓苗后，选择白色透明膜，宽度以 1 米为宜，将地膜覆在行距 60 厘米的小垄距间。盖膜时将膜两侧剪开将苗放出，放苗口要用刀片或剪刀轻轻划破，杜绝用手撕破。要使地膜紧贴垄面，做到铺平，拉紧，边缘用土压严。此项措施关系西葫芦能否安全越冬，应严格按规定去做。

③温度调控：缓苗阶段密闭不通风，以提高温度，促使早生根，早缓苗。白天棚温应保持 25～30℃，夜间 18～20℃。晴天中午棚温超过 30℃时，可利用顶窗少量通风。缓苗后白天棚温控制在 20～25℃，夜间 12～15℃，促进植株根系发育，有利于雌花分化和早坐瓜。坐瓜后，白天提高温度至 22～26℃，夜间 15～18℃，最低不低于 10℃。加大昼夜温差，有利于营养积累和瓜的膨大。

温度的调控措施主要是按时揭盖草苫、及时通风等。深冬季节，白天要充分利用阳光增温，夜间增加覆盖保温，在覆盖草苫后可再盖一层塑料薄膜。清晨揭盖后及时擦净薄膜上的碎草、尘土，增加透光率。还可在后立柱处张挂镀铝反光幕以增加棚内后部的光照。

2 月中旬以后，西葫芦处于采瓜的中后期，随着温度的升高和光照强度的增加，要做好通风降温工作。根据天气情况等灵活掌握通风口的大小和通风时间的长短。原则上随着温度升高要逐渐加大通风量，延长通风时间。进入 4 月下旬以后，利用天窗、后窗及前立窗进行大通风，使棚温低于 30℃。

④肥水管理：定植后根据墒情浇一次缓苗水，促进缓苗。缓苗后到根瓜坐住前要控制浇水。当根瓜长达 10 厘米左右时浇一次水，并随水每 667 米² 追施磷酸二铵 20 千克或氮磷钾复合肥 25 千克。因此时外界温度较低，约 20 天浇一次水，浇水量不宜过大，并采取膜下浇暗水。每浇两次水可追肥一次，随水每 667 米² 冲施氮磷钾复合肥 10～15 千克，要选择晴天上午浇水，避免在阴雪天前浇水。浇水后在棚温上升到 28℃时，开通风口排湿。如遇阴雪天或棚内湿度较大时，可用百菌清烟雾剂防治病害。

2 月中、下旬以后，随着温度的升高，间隔 10～15 天浇一次水，每次随水每 667 米² 追施氮磷钾复合肥 15 千克或腐熟人粪尿、鸡粪 300 千克。植株生长后期可进行叶面喷肥。进入 5 月份以后，浇水量再次加大，除供植株吸收利用外，还起到降温作用。6 月份可适当将水分浇至地膜外的大沟内。整个生育期所追肥料，要求先将肥料化成水溶液，再随水施入，以提高作物吸收利用率。

深冬季节追施肥水应注意以下几个问题：一是要看天施肥水，一般浇水后能保持 4～6 天晴天，则基本不影响生长。在阴雨天禁止浇水追肥。浇水时一定要在晴天上午进行，下午不浇水。二是看瓜秧长势决定是否浇水，瓜叶偏大，色淡，卷须直立，节间拉长，生长点突出，则表明此时不缺水，否则，叶片变小，色黑，卷须盘圈，节间缩短，生长点萎缩，则表明此时植株缺水，应进行浇水追肥。三是提倡用井水或预热后的水，忌用河水或长距离经地面输送的井水。四是浇水量宜小不宜大，且提倡隔行浇水，即第一天浇第 2 行、第 4 行、第 6 行……，第二天浇第 1 行、第 3 行、第 5 行……。这样做不致使温室内地温一次性降低过大而影响生长。五是冬季温室增加二氧化碳吊袋追肥。

⑤植株调整。

a. 吊蔓：当植株有 8 片叶以上时要进行吊蔓与绑蔓。吊蔓方法：将吊绳的下端用一活扣固定在植株上，上端用活扣系在铁丝上并应多余一部分，以便后期落秧时随秧一起下落。调节植株的株距及行距，做到合理布局，充分见光，争取最高产量。植株的生长往往高矮不一，要进行整蔓，扶弱抑强，使植株高矮一致，互不遮光。吊蔓、绑蔓时还要随时摘除主蔓上形成的侧芽。

b. 落蔓：瓜蔓高度较高时，随着下部果实的采收要及时落蔓，使植株及叶片分布均匀。落蔓时要摘除下部的老叶、黄叶。去老黄叶时，伤口要离主蔓远一些，防止病菌从伤口处侵染。

c. 去老：如冬玉西葫芦长势旺盛，在不加任何激素控制的情况下，叶片肥大，采完第二瓜后立即出现封垄现象。由于冬季温室内湿度大，放风少，加之瓜秧前期又旺，整个叶柄充满了水分，去掉叶柄后在茎秆上就会造成伤疤，之后极容易从此处软腐，使茎秆烂掉，造成损失。如果前期施用了矮化激素，达到了叶片变小，叶柄变粗的目的，则春节以前没有必要去老叶，春节以后根据长势及叶片老化程度再做决定是否去叶。若前期没有用矮化激素处理，此时叶片已大，叶柄已长，光照恶化，严重影响坐瓜时，就要适当去掉一部分老叶，但去老叶时要注意以下问题：一是选晴天上午去叶，去后加强放风排湿，使伤口干燥早愈合。二是只去叶片，保留叶柄，使叶柄中空部分不暴露在空气中，待温室内干燥后自然变黄枯萎。三是每次去叶数量一般在单株 1～3 片叶内，一次性去叶过多时影响长势和产量。四是去掉叶片后的单株最少应保持在 8 片成年叶以上，否则缓秧困难，瓜条畸形。五是采瓜或去叶造成茎上有伤口时，应用多菌灵、绿亨一号等杀菌剂及时涂抹防治，阻止病菌侵入危害。六是将去掉的老叶带出棚外深埋，防止病菌的传染。

⑥保花保果：在正常年景，西葫芦第一花一般是雌花，可利

用激素处理或借其他植株上的雄花进行授粉坐住此瓜。如果瓜秧长势较弱,根瓜可能短粗,失去商品价值,可提前将该瓜疏掉。第二花一般为雄花,雌雄花开放的时间一般在 4：00～6：00(阴雨天可推迟开花),9：00～11：00 时可见到雄花花粉散出,此时为授粉的最佳时期。授粉的具体方法是：先观察一下雄花是否产生花粉(营养不良,气候反常及阴雨天,湿度大时花粉质量不高),试验的方法是,用手指抹一下雄花花蕊,发现手上沾有黄粉时即为花粉成熟,可开始授粉。将雄花取下,去掉花冠(花瓣),对准雌花的柱头,轻轻摩擦,使柱头授粉均匀,否则易长成畸形瓜。

在温室内昼夜温差大、空气相对湿度大的情况下,雄花数量将锐减,直到整棚找不到一朵雄花,出现全雌花现象,而且每个叶腋间都着生雌花,群众称一叶一瓜或节节见瓜,这种情况下,生产上常用的方法是激素处理坐瓜。生产上常用的坐瓜激素是 2,4-D、保果宁等。使用浓度与下列因素有关。一是温度的高低。在高温情况下,浓度宜小,低温情况下浓度宜大。二是与植株长势有关。长势旺时,浓度宜大；长势弱时,浓度宜小。保果宁与 2,4-D 相比,具有以下两大优点,一是在正常范围内应用,安全性好于 2,4-D,也就是不容易发生毒害和畸形瓜。二是保果宁本身含有防治灰霉病的成分,在应用蘸花后除帮助坐瓜外,兼治灰霉病效果很好。

使用激素涂抹幼瓜时应注意以下几点。一是选晴天 9：00～10：00 时涂抹,阴雨天或下午一般不涂抹,否则不仅坐瓜率低,而且还易出现各种畸形。二是严格掌握用量,不可超量应用。三是注意涂抹方法。最好的涂抹方法是：用毛笔沾药,一瓜一沾,第一笔快速轻涂柱头一下,第二笔在幼瓜身上由尾部向瓜把方向轻抹一笔。按以上顺序涂抹的瓜,采收时瓜条顺直,细长,商品性好。四是涂抹的时间应在该瓜雌花开放时或开放前1 天。

(5) 采收 西葫芦以食用嫩瓜为主，开花后 10～12 天，根瓜达到 250 克时采收，采收过晚会影响第 2 瓜的生长，有时还会造成化瓜。长势旺的植株适当多留瓜、留大瓜，徒长的植株适当晚采收，长势弱的植株应少留瓜、早采瓜。采摘时要注意不要损伤主蔓，瓜柄尽量留在主蔓上。

(6) 病虫害防治 西葫芦的主要病害是病毒病、白粉病、灰霉病，主要虫害是蚜虫、白粉虱等。在病虫害化学防治中，要选用高效、低毒、低残留农药，并严格遵守用药间隔期。

病毒病：及时防治蚜虫、白粉虱等，减少害虫对病毒的传播。发病初期可选喷植病灵乳剂 1 000～1 500 倍液，或吗胍·乙酸铜（病毒 A）500～700 倍液，每 7～10 天一次，连续防治 3～4 次。

白粉病：可用 70％甲基硫菌灵（甲基托布津）700～800 倍液，或 10％苯醚甲环唑（世高）水分散颗粒剂 1 200～1 500 倍液。以上药剂交替使用，每隔 7 天防治 1 次。

灰霉病：发病初期用 70％代森锰锌可湿性粉剂 500 倍液，或选用 50％腐霉利（速克灵）可湿性粉剂 1 500 倍液，或 50％噻菌灵（多霉灵）可湿性粉剂 1 000 倍液，或 65％甲霜灵（瑞毒霉）可湿性粉剂 1 000 倍液进行喷雾，每隔 5～7 天喷 1 次，连喷 3～4 次。注意药剂要交替使用。

蚜虫：可用 25％噻虫嗪（阿克泰）乳剂 7 500～10 000 倍液或 2.5％氟氯氰菊酯（功夫乳剂）1 500～2 000 倍液进行喷施，每 7～10 天喷雾一次，连喷 2 次，或用 22％敌敌畏烟剂熏杀，每 667 米^2 用 300 克，或用 80％敌敌畏乳油掺适量锯末，占暗火熏杀，每 667 米^2 用药 300 克。

白粉虱：利用黄板诱杀；棚室内傍晚用敌敌畏乳油和水以 1∶1 的比例混合后加热熏蒸，或选喷毒死蜱（乐斯本）、噻嗪酮（扑虱灵）、阿维菌素（虫螨克）等药剂。喷施杀虫剂 7 天后，方可采收。

十、日光温室上茬西蓝花、下茬丝瓜的高效种植模式

西蓝花含有丰富全面的营养成分，同时具有防癌、抗癌的功效，能增强肝脏解毒能力，提高机体免疫力。其适口的风味已被广大消费者所认识，消费势头日益上升，栽培面积越来越大。而丝瓜是人们特别喜爱的蔬菜品种之一，一般多在夏季生产，冬季的种植较少，市场价格较高。因此日光温室周年生产中，上茬种植西蓝花、下茬种植丝瓜具有较高的经济收入。

(一) 茬口安排

西蓝花于2月下旬在日光温室育苗，4月下旬定植，6月中旬开始采收；7月～8月温室进行高温闷棚；下茬丝瓜于9月初播种，10月中旬定植，12下旬开始陆续采收，4月中旬拉秧。

(二) 主要栽培技术

1. 西蓝花

(1) 品种选择 春季栽培的气候特点是苗期温度低，生长后期温度升高快，因此，应选择适应性强、耐寒、较耐热、抗病性强、株型紧凑、花球紧实的中早熟品种，如曼陀罗、优秀、绿岭等。

(2) 培育壮苗 采用128孔塑料穴盘育苗，将草炭和蛭石按2∶1的体积比混合，配制成育苗基质，每立方米基质加入高效有机肥20千克并混拌均匀。基质湿度控制在70%，以用手紧握刚好出水为原则。国产草炭在使用前需用75%多菌灵可湿性粉剂800倍液喷雾消毒。

(3) 装盘、压穴 基质装盘时需保证环境清洁，以装平且均匀填满穴盘四周为原则，多余基质用刮板刮去，每10个1摞相

互交错叠放在一起压孔，压孔深度为 1～1.5 厘米。

(4) 播种 每穴播 1 粒种子，放在穴孔中央位置。播后在穴盘上覆盖一层按 1∶1 比例配制的蛭石与珍珠岩混合物，小心刮去多余基质。在操作过程中，要把基质压紧，使种子与基质紧密接触，并用清水淋透。为减少水分蒸发和保温，可在穴盘上覆盖一层塑料薄膜，确保种子出苗整齐一致。

(5) 苗期管理 温度管理：春季日光温室育苗以保温为主，加扣小拱棚或铺设地热线来提高温度；夏季育苗以降温为主，可以采取加盖遮阳网或喷雾来降温。播种到出苗期，温度保持在 25～30℃；苗出齐后，白天温度控制在 20～25℃，夜间 12～15℃；定植前 7 天进行炼苗，降低温度，保持在 20℃左右。

湿度管理：播种到出苗期，湿度保持在 90%；苗出齐后，湿度控制在 60%～75%。

肥水管理：一般出苗 1 周后子叶完全展开，结合灌水进行追肥。每 100 升水加入三元复合肥 50 克、硼砂 15 克，每周施 1 次。

病虫害防治：苗期病害主要有猝倒病、立枯病等，湿度过大容易发病，一般每周用 72.2%霜霉威盐酸盐可湿性粉剂（普力克）800 倍液或 30%乙蒜素水剂（噁霉灵）1 000 倍液预防 1 次。

(6) 定植 每 667 米² 撒施充分腐熟的优质农家肥 2 000 千克、磷酸二铵 20 千克、硫酸钾 15 千克，用旋耕机深翻 25 厘米，使肥料与土壤充分混匀，然后起垄，垄高 20 厘米，大行距 90 厘米，小行距 40 厘米。春季栽培中为提高地温，做好垄后应及时覆盖黑色地膜。

由于北京地区春季气候多变，定植时天气的选择非常重要。当最低气温稳定在 8℃以上、10 厘米土层最低温度大于 10℃且持续 5 天以上，幼苗具有 4 片真叶时即可定植。定植前 3～4 天先灌水润垄，定植时最好抓住寒流刚过的晴天。定植前给种苗喷施 75%多菌灵可湿性粉剂 800 倍液和 0.3%的硼砂溶液，定植株距40厘米，定植后一定要浇透定植水。

（7）田间管理　定植后10天进行第1次中耕除草，以后视土壤状况进行第2次中耕除草，植株长大、叶片封住地面时不再中耕。定植后20天左右进行第1次追肥，每667米^{2}穴施三元复合肥15千克并浇水。为保证花球品质和质量，定植后40天左右将植株上的侧枝全部疏除，只留1个主枝。现花球后结合灌水进行第2次追肥，每667米^{2}追施三元复合肥15千克，以促进花球的生长。

（8）病虫害防治　西蓝花的虫害主要有蚜虫、小菜蛾和菜青虫。蚜虫可用80%吡虫啉水分散剂1 000倍液或3%啶虫脒乳油1 000倍液喷雾防治；小菜蛾和菜青虫可用40%氰戊菊酯（速灭杀丁）乳剂6 000～7 000倍液进行防治。

病害主要有霜霉病、黑腐病、软腐病等。细菌性黑腐病、软腐病可用72%农用硫酸链霉素可溶性粉剂3 000～4 000倍液或链霉素·土毒素（新植霉素）可湿性粉剂4 000倍液喷雾防治；真菌性病害如霜霉病、菌核病等，发病初期可用50%多菌灵可湿性粉剂500倍液或75%百菌清可湿性粉剂600～800倍液喷雾防治，每隔7～10天喷1次，连喷2～3次。

（9）采收　适时采收，收获标准一般为花球紧密，花蕾无黄化或坏死，花球直径12～15厘米。从花球边缘向下15～18厘米的主茎处切割采收。

2. 丝瓜

（1）品种选择　适宜丝瓜越冬茬栽培的品种类型有普通线丝瓜和棱丝瓜2种。普通丝瓜可选用线丝瓜、南京长丝瓜、棱丝瓜可选用济南棱丝瓜、北京棒丝瓜。

（2）培育壮苗　以元旦或春节开始大量上市为目标进行的越冬丝瓜栽培，其适宜的播期为9月中上旬，中晚熟品种9月初播种。

浸种催芽：丝瓜种皮较厚，播前应先进行浸种催芽。将种子放入 60℃的热水中，不断搅拌，浸种 20～30 分钟，捞出搓洗干净，放入 30℃左右的温水中浸泡 3～4 小时，晾干后在 28～30℃下催芽，1～2 天后 60%～70%种子出芽后即可播种。

播种：播前先将营养钵或苗床浇透底水，播种后盖土 1.5～2 厘米。

苗床管理：播种后苗床白天控温 25～32℃，夜间 16～20℃。出苗后白天控温 23～28℃，夜温 13～18℃。丝瓜为短日照植物，苗期在苗床上搭小拱棚遮光，使每天光照时间保持 8～9 小时，以促进雌花分化。丝瓜苗龄 30～35 天，幼苗 2～3 片真叶时即可定植。

(3) 定植 整地施肥：定植前深翻土壤，一般深度为 30～40 厘米，并结合整地每 667 米² 撒施充分腐熟的有机肥 5 000～6 000 千克，磷酸二铵 30 千克、钾肥 40 千克，随翻地将肥料施入耕作层中。

起垄及定植按大行距 90 厘米、小行距 70 厘米起垄，定植。株距 35～40 厘米，每 667 米² 栽 2 000～2 400 株。定植时先在每个定植穴内施入腐熟饼肥 50 克，并使饼肥与土混合均匀，再栽苗、浇水。定植时注意选择晴天上午定植，栽植深度比原土坨略深些，最好采用"稳水坐苗"的方式，在起苗、运苗和栽植过程中要防止散坨伤根。定植后，将垄面整修，然后覆盖地膜，并打孔把苗引出膜外，以利保墒提温。此期间温度不能低于 12℃，当低于 12℃时要立即扣棚提温。

(4) 定植后管理 幼苗期管理：定植后，在管理上主攻目标是促进植株健壮，搭好高产骨架，提高坐果率，防止落花落果。主要是保温时，白天控温 28～30℃，若超过 32℃可进行适当通风换气，促进缓苗。缓苗后至开花前，控制旺长，降低雌花节位，白天控温 20～25℃，夜温 12～18℃。夜间要加强保温，加盖草苫，棚内温度最低不低于 12℃，如果温度持续高于 35℃或低于 12℃，将会引起落花或出现畸形瓜。此间株体较小，需肥水较少，一般不浇水追肥。

结瓜盛期管理：根瓜采收后，丝瓜进入结瓜盛期，此期间丝瓜生长量大，结瓜数量增加，不仅要求有充足的肥水，而且要有充足的光照和适宜的温度。在管理过程中具体落实以下措施。

①肥水管理：结瓜前期（1～2 月份），每采收 2 次嫩瓜浇 1 次水，并随水每 667 米² 冲施腐熟人粪尿 500 千克或尿素 15 千克；结瓜中期（3～5 月份），一般每 10～13 天浇 1 次水，并每次冲施三元复合肥 15～20 千克，结瓜后期（6 月以后）每 7～10 天浇 1 次水并冲施尿素 1.0 千克。

②温度管理：丝瓜性喜高温，结瓜期间，应控制夜间温度不低于 15℃，白天温度不超过 32℃ 为宜。

③光照管理：此期间，要坚持早揭草苫，争取每天有较长的光照时间，注意阴天也要及时揭苫，争取多吸收一些散射光。在棚膜覆盖的整个期间，要经常擦拭棚膜上的灰尘，以提高透光率。尽量减少棚膜上的水滴，保持无滴膜的透光性。

(5) 整枝、摘老叶　瓜蔓长至 30～50 厘米时，可顺行向固定好吊蔓铁丝，在吊蔓铁丝上按株距拴尼龙绳。每株一绳，并将蔓及时绑于吊蔓绳上。可采用 S 形绑蔓。丝瓜生长以主蔓结瓜，侧蔓及时去掉，以防消耗养分。利用主蔓连续摘心的方法，宜留单蔓整枝。在结瓜初期，要及时抹掉主蔓叶腋间的腋芽，每株留一根主蔓进行吊蔓。除利用主蔓结瓜外，还可留 2～3 节的短侧蔓结瓜。即在侧蔓上留一瓜，瓜坐住后保留 1 片叶进行摘心，使全株所有的侧蔓都各留一个瓜。在结瓜后期，将瘦弱的侧蔓及早抹去，保护主蔓和生长良好的侧蔓正常生长，让其结嫩瓜 2～3 条后进行摘心，使同一植株上几条侧蔓与主蔓同时结瓜。在盛瓜期，植株封垄，田间郁蔽，因此要及时摘除多余的雄花蕾、卷须和畸形瓜，同时要及时摘除植株下部变黄的老叶，以利通风透光，集中养分，促进果实增长。

(6) 人工授粉或 2，4-D 处理　设施栽培丝瓜，自然授粉率低，每天 9：00~11：00 进行人工对花授粉，前期如无雄花，可用 40~50 毫克/升 2，4-D 点花以利坐瓜。在此范围内，气温高时浓度可低些，反之则高些。使用时只涂抹果顶和蘸花，不能溅到叶片和茎上，以免出现畸形。

(7) 采收 丝瓜采收太早影响产量，过迟纤维硬化，品质下降，还会影响后面幼瓜的生长，同样降低产量，所以要及时采收。适宜的采收丝瓜长度为 50 厘米左右。一般开花后 7 天左右即可采收。采收时宜用剪刀剪下，整齐地摆放在纸箱内或装筐待售。

(8) 病虫害防治 丝瓜病害主要有病毒病、霜霉病和白粉病等，病毒病在发病初期可用 20％吗胍·乙酸铜（病毒 A）可湿性粉剂 500 倍液防治；霜霉病发病初期可用 25％甲霜灵可湿性粉剂 600 倍液防治或进行高温闷棚；白粉病可用 15％的三唑酮（粉锈宁）可湿性粉剂 600 倍液防治；疫病可用 25％甲霜灵可湿性粉剂 800~1 000 倍液，或 64％噁霜·锰锌（杀毒矾）可湿性粉剂 400~500 倍液喷雾。

丝瓜的病害防治原则为"预防为主"。根据各类病害的发生规律，制定出切实可行的病害防治规程，杜绝病害的发生。

十一、日光温室火龙果高效种植模式

火龙果，又名红龙果，因其果实外表具软质鳞片如龙状外卷，故称火龙果。火龙果为仙人掌科量天尺属和蛇鞭柱属植物，原产中美州。火龙果是热带、亚热带植物，果实营养丰富，且有食疗、保健功能，对预防便秘、降低血糖、血脂等效果显著。

火龙果是边开花边结果的高效益作物，定植后大约 14 个月开始开花结果。花期从 5 月开始，谢花后 30~40 天可采收，单果重一般 500~1 000 克，第三年进入盛果期。

目前，我区生产的火龙果主要为日光温室种植，种植品种分别为白玉龙（红皮白肉）和珠龙（红皮红肉）两个品种。从7月～12月为采果期。观光采摘每500克20～60元，每667米^{2}产量达到2 500千克，每667米^{2}纯效益在2～6万元之间。

（一）种植方式及密度

种植方式可采用柱式栽培或架势栽培。

1. 柱式栽培

可选用长2.3～2.5米，截面15厘米×15厘米的钢筋水泥柱，按2米×3米的株行距进行种植。采用南北行向。水泥柱埋深0.7～0.9米，在每根水泥主柱的4个不同方向各种植火龙果1株。

2. 架式栽培

棚宽7米的温室大棚按东西走向种植3个双行。窄行0.6米，宽行1.5米，株距0.5～0.6米，每667米^{2}定植株数为1 300株左右。可按南北走向进行种植，搭架宜南低北高。种植前先整地、搭架。按种植规格挖宽0.8米、深0.3米种植沟，然后回填营养土。营养土按草炭∶有机肥∶沙子∶表土＝2∶1∶1∶6进行配置。回填的营养土要高出地表20厘米，然后在种植沟上方搭架，高度按前低后高排列。

根据多年试验示范比较，柱式栽培由于种植株数少，生长量不足，管理不方便，产量也较低，不提倡此种方式，生产上适宜采用架式栽培。

（二）火龙果对环境、土质、温度的要求

火龙果属于热带、亚热带植物，耐旱、耐高温，最好选择有机质丰富、排水性能好的砂壤土种植，最适宜的土壤pH为6～7.5。冬季温度长时间低于8℃的地区一般不宜栽种。

（三）肥水管理

火龙果的施肥应掌握以有机肥为主，适当配以化肥。施肥遵

循宁淡勿浓、薄施勤施的原则。由于火龙果采收期长，要重施有机质肥料，氮磷钾复合肥要均衡长期施用。开花结果期间要增施钾肥和镁肥，以促进果实糖分积累，提高品质和糖度。定植后1～2年以施氮肥为主，做到薄施勤施，促进树体生长。3年生以上以施磷、钾肥为主，控制氮肥的施用量。施肥应在春季新梢萌发期和果实膨大期进行，肥料一般以枯饼渣、鸡粪、猪粪按1：2：7配方，每年每株施有机肥25千克，或在每年3月、7月、11月均匀开沟施入。

尽管火龙果属于耐旱作物，但要获得高产，适当的灌水是必不可少的。火龙果在温暖湿润、光线充足的环境下生长迅速。火龙果定植后3～5天浇水一次，缓苗后视需要调整浇水次数。幼苗生长期应保持全园土壤潮湿。春夏季节应多浇水，使其根系保持旺盛生长状态。果实膨大期要保持土壤湿润，以利果实生长。灌溉时切忌长时间浸灌，也不要从头到尾经常淋灌。浸灌会使根系处于长期缺氧状态而死亡，淋水会使湿度不均而诱发红斑（生理病变）。因此，在阴雨连绵天气应及时排水，以免感染病菌造成茎肉腐烂。在5月以后，温度逐渐升高，需去掉塑料棚膜。冬季园地要控水，以增强枝条的抗寒力。

（四）植株的整形修剪

幼树整形、修剪：以整形为主，采用摘心的方法促进分枝。种苗每株保留1～2条生长最快的枝条作为主干固定在支柱上，当主干长度超过柱子时摘心。保留摘心后主干萌发出的顶端枝条，用尼龙绳将枝条固定在支撑物上，使其下垂成为结果枝。当火龙果进入花芽分化期时（大约在4月中下旬），除去老枝条上的所有嫩芽以防徒长，使养分积累贮藏于老枝干的叶肉内，以利于开花。

修剪枝条：每年采收结束后，应将已结过果的下垂老枝条全部剪除，以利于营养积累和形成下一轮结果母枝。剪除老枝后所萌发的新枝，枝条更为肥壮，直立生长，充分接受日光，花果均较老枝条为佳。在开花结果期内，可将多余的营养枝条剪除，减少养分的消耗和促进日光照射。

一般每株培养 5 条枝，每批会有 3 条左右的枝条结果，其余 2 条作为不固定的营养枝。当结果的枝条抽出新梢时，营养枝会转为结果枝，实现互换。每一枝条可形成花芽 3～7 个，根据营养状况能形成花蕾 2～5 个。一旦形成花蕾，结果率可达 85%。一年的结果期 4～5 次，产期可达 5～6 个月。火龙果以中上部的枝和下垂枝最易结果，一般结果在 6～11 月的生殖生长期内。

遮阳防晒。夏季阳光强烈，火龙果易受日晒灼伤，晴天最好在 10：00 时盖上遮阳网（以 70% 遮光率的遮阳网为好），16：30～17：00 时揭开以降低光照，减少日灼伤害。

（五）间种与人工授粉

种植红肉类型火龙果时，要间种 10% 左右的白肉类型的火龙果。品种之间相互授粉，可以明显提高结实率。遇阴雨天气时要进行人工授粉，授粉可在傍晚花开或清晨花尚未闭合前，用毛笔直接将花粉涂到雌花柱头上，以提高坐果率。

（六）疏花疏果

火龙果花期长，开花能力强，5～10 月均会开花，每枝平均每个花季会着生花蕾 2.7 朵。授粉受精正常后，可用环刻法剪除已凋谢的花朵（保留柱头及子房以下的萼片）。当幼果横径达 2 厘米左右时开始疏果，每枝留一个发育饱满、颜色鲜绿、无损伤和畸形，又有一定生长空间的幼果，其余的疏去，以集中养分，促果实生长。

（七）果实套袋

应在果皮转色前用废旧报纸或牛皮纸袋套袋，以保持果皮均匀着色，并防止飞鸟、黄蜂等叮咬以及被风刮伤和日光暴晒，提高商品价值。

（八）适时采收

果实生育期随生产季节、地理位置和品种而异。一般开花后约 45 天即可采收。过迟采收，不但会引起裂果，还会引起果皮局部颜色变黑，影响商品价值。对于长途运输或需长时间存放的果实，宜在果实软化、颜色变暗前采收。

红果肉的火龙果的果柄极短，采摘方法以左手拖住果实，右手将果实从果梗部分剪下，并附带部分茎肉，以"双刀法"（即在果实的着生部位的上侧剪一刀，在下侧再剪一刀）剪下后以顶端朝下，萼端朝上方式放入果篮中，轻拿轻放，避免碰撞损伤。果实不要多层叠放，以免运输途中果实互相挤压受伤。

（九）防治病虫害

火龙果基本上无特殊病虫害，但在幼苗期易受蜗牛和蚂蚁危害，可用杀虫剂防治。高温高湿季节易感染病害，出现枝条部分坏死及霉斑，可用 70％甲基硫菌灵（甲基托布津）可湿性粉剂 800～1 000 倍液、百菌清可湿性粉剂 800 倍液或其他杀菌剂交替使用，均可收到良好的效果。

第三章　怀柔区大棚高效种植模式

一、塑料大棚早春黄瓜—夏西瓜高效种植模式

为增加单位面积产量，提高单位面积经济效益，在塑料大棚内进行了"早春黄瓜—夏西瓜"两种两收的种植模式，取得了很好的经济效益，每667米² 产黄瓜5 300千克，每667米² 产西瓜2 500千克，两茬产值合计2.5万元。

(一) 茬口安排

黄瓜在温室育苗，播种期在2月底～3月初，4月上旬定植，5月中旬开始采收；西瓜于7月初开始播种，7月中下旬定植，9月下旬开始采收。

1. 黄瓜

(1) 品种选择　春季大棚生产的特点是苗期温度较低，定植后温度不稳定，昼夜温差大，夜间温度低，光照偏弱，空气湿度大；采收期温度高、光照强。根据大棚的生态环境，宜选用较耐寒、较耐弱光，适应性强，早熟，丰产，抗病的品种。为了提高植株抗逆性，最好采用嫁接技术，同时在黄瓜品种的选择上要注意选择早熟、耐热、抗病、优质的品种，在砧木品种的选择上要选用嫁接亲和力好、具有脱蜡粉能力的南瓜砧木。通过近年来的试验及生产调查，较适宜春大棚生产的黄瓜品种有中农12、中农16、春棚5号、北京203等密刺型黄瓜品种，脱蜡粉效果较好的

砧木品种有日本青秀、北农亮砧、京欣砧 5 号、绿洲天使等。

中农 16：中早熟品种．植株生长速度快，以主蔓结瓜为主。耐热性好，抗霜霉病能力强。瓜条顺直，商品率高。瓜长 30 厘米，单瓜重 150～200 克。

中农 12：早中熟一代杂种。瓜长棒形，瓜色深绿，具刺瘤，质脆味甜。瓜长 30 厘米，单瓜重 150～200 克。抗霜霉病、白粉病、枯萎病、病毒病等多种病害。

春棚 5 号：春棚 5 号是我站新引进并筛选出的黄瓜品种。该品种抗低温能力较强，适宜春大棚栽培，第一雌花节位平均 4.5 节，植株长势旺盛，叶片肥大。主蔓结瓜为主，连续坐瓜能力强，前期产量高。瓜条长度 30 厘米左右，刺密瘤小、瓜条亮绿。商品性好，商品瓜比率高。中抗霜霉病、白粉病。

北京 203：北京 203 是春季保护地型黄瓜新品种，适于春秋大棚种植。苗龄 30～35 天，植株生长势中等，节间短，叶色深绿，叶片中等，以主蔓结瓜为主。春播第一雌花节位为 3～4 节，以后每隔 1 节出现一雌花。单性结实能力强，春大棚种植早熟性好，秋大棚栽培从播种到收获 45 天左右。该品种抗霜霉、白粉病能力强，产量高。瓜长 32～35 厘米，深亮绿，刺瘤中等，瓜把短，质脆，浅绿色肉，味甜，香味浓，外观和食用品质好。每 667 米^2 种植密度 4 000 株植株生长势强。

(2) 育苗 播种前采用温汤浸种，将种子倒入 55℃左右的水中，不停的搅拌，同时还要加入适量的热水，使水温维持在 55℃，浸种 20～30 分钟，当水温降至 30℃，浸泡 4～6 小时，捞出催芽。当种子 70%～80% 露白时开始播种。采用 9 厘米×9 厘米或 10 厘米×10 厘米的营养钵育苗，育苗基质可采用 2/3 草炭土与 1/3 蛭石混合加入多菌灵消毒后即可装碗。育苗温度采用"一高二低"的方法，即播后出苗前采取高温，白天 28～30℃，夜间 20℃。温度不够，可采用地热线加热。出苗后降低温度，白天控制在 22～25℃，夜间 15～17℃。为防止子叶下部过长，在定植前一周炼苗，温度调整为白天 15～18℃，夜间 8～14℃。从播种到定植约 35 天左右。一般平原地区育苗在 2 月底或 3 月初，山区根据定植时间向后推迟，若嫁接还要提前 10 天育苗。

（3）重施底肥，精细整地　定植前施足底肥，每棚撒施腐熟农家肥牛粪 5 吨，鸡粪 3 000 千克、三元复合肥 50 千克、硫酸钾 15 千克，旋耕 3 遍，使肥土充分混匀，为根系创造良好的生长环境。

（4）适时定植

①苗子准备。定植前一周开始炼苗，夜温逐渐降到 8℃，但地温仍应保持 13℃以上。定植前 3 天将幼苗分级，按照大中小分级（定植时大苗定植在大棚周边、中小苗定植在棚室中间部位）。定植前 2 天，喷 75%百菌清可湿性粉剂 1 000 倍液或 70%敌磺钠（敌克松）1 000 倍液防治苗期病害。

②适期定植。从 3 月 15 日开始，连续监测栽培畦 10 厘米地温和大棚内气温状况，地温监测点为距大棚西部 50 厘米处，监测气温为大棚中部距地面 1.0 米处，观察时间为每天日出前后。当连续五天地温达到 12℃以上即可定植。在正常年份，怀柔区平原地区春大棚黄瓜较为安全的定植期为 3 月底，若采用多重覆盖，可提前到 3 月中旬。

③定植方法。定植要选择晴天上午进行，采用"水稳苗"定植，采用大小行方式栽培。先按照规定株行距开定植穴（十字形划破地膜），大行距 80～90 厘米、小行距 50～60 厘米，株距 27 厘米，每 667 米² 定植 3 500～4 000 株。定植穴浇水，待水渗至一半时摆苗，水渗后封穴，覆土深度不要超过苗坨高度，压好地膜破口处。

（5）采收前期管理

①缓苗期管理：此期的管理重点是提高温度、促进缓苗。定植后要闷棚保温一周，期间浅中耕 2 次。缓苗期间一般不用通风、浇水，当中午温度超过 35℃时可开顶风口降温，注意风口不要开得太大，不要开腰风、切忌开底风，待温度缓慢降到 32℃时关闭风口，夜间保持 15℃以上。待心叶开始生长时，缓苗

期结束，此时根据土壤墒情及植株长势决定是否浇缓苗水，即便要浇缓苗水也要浇小水，且浇水后要及时中耕。注意这段时间外界温度还不是很稳定，要严防寒流侵袭造成冷害、寒害乃至冻害。

②蹲苗期管理：缓苗结束后进入蹲苗期，蹲苗期的管理重点是促进根系发育、控制茎叶生长，协调植株地上部与地下部的关系，以利开花坐瓜。所以在蹲苗期不要浇水追肥，通过适当的生理干旱促进根系生长。期间主要工作包括：a. 中耕松土 2～3次，以提高地温，促进根系发育。b. 在温度管理上，可适当降低温度。白天 25～30℃，超过 30℃可放风，棚温降至 25℃即关闭风口，夜间保持 10～15℃。c. 此期瓜蔓开始伸长，蔓长 25～30 厘米时，采用银灰色防老化塑料绳吊蔓栽培，每株使用落蔓夹 2 个，便于后期的落秧。

(6) 初瓜期管理 待根瓜坐住后标志着蹲苗期结束，此期温度较高，植株生长旺盛，应及时浇水（若墒情好，瓜秧长势强，可推迟到根瓜采收前后浇水追肥），以促进根瓜迅速膨大生长，并结合浇水每 667 米² 追施尿素和硫酸钾各 10 千克。

(7) 病虫害防治 春大棚黄瓜常发病害有霜霉病、细菌性角斑病、白粉病、枯萎病，常发虫害有蚜虫、白粉虱、斑潜蝇、茶黄螨、红蜘蛛及蓟马等。在病虫害防治上，贯彻"预防为主，综合防治"的方针，综合利用农业防治（高畦栽培、清洁田园、合理轮作、平衡施肥等）、物理防治（防虫网、黄板、蓝板等）、生态防治（温湿调控、高温闷棚等）及化学防治，消除病虫害发生的根源，防止病虫害蔓延。

定植前可选用 75％达科宁（百菌清）可湿性粉剂 600 倍液或 45％百菌清烟剂每 667 米² 250～300 克熏烟预防病害，每667 米² 选用 22％敌敌畏烟剂 0.4 千克熏烟防治害虫。生产中要注意经常调查，待病虫点片发生后，及时进行药剂防治。在药剂防治时，要使用无公害黄瓜生产推荐使用的农药，并按照用量规格及安全间隔期严格使用。霜霉病发病前可选用保护性杀菌剂进行预防，如 80％代森锰锌可湿性粉剂 600～800 倍液或 75％百菌清可湿性粉剂 600 倍液叶面喷施；发病初期可选用 72.2％霜霉威盐酸盐（普力克）水剂 600～800 倍液或 72％双脲氰·锰锌可湿性粉剂 800～1 000 倍液叶面喷施；发病中期可选用 687.5 克/升氟菌·霜霉威（银法利）悬浮剂 2 000～3 000 倍液喷雾。

细菌性角斑病可选用 47％春雷·王铜（加瑞农）可湿性粉剂 600～800 倍液或 77％氢氧化铜（可杀得）可湿性粉剂 500～600 倍液叶面喷施。

褐斑病发病初期，及时用 75％百菌清可湿性粉剂 500 倍液，或 70％代森锰锌可湿性粉剂 500 倍液，或 50％福美双可湿性粉剂加 65％代森锌可湿性粉剂（1∶1）500 倍液，或 75％百菌清可湿性粉剂加 70％多菌灵可湿性粉剂（1∶1）500 倍液，或 75％百菌清可湿性粉剂加 50％腐霉利可湿性粉剂（1∶1）1 000 倍液等药剂喷雾，每 7 天 1 次，连续防治 2～3 次。

白粉病可选用 30％氟菌唑（特富灵）可湿性粉剂 1 500～2 000 倍液，或 70％甲基托布津（甲基硫菌灵）可湿性粉剂 1 000 倍液，10％苯醚甲环唑（世高）水分散粒剂 2 000～3 000 倍液或 50％醚菌酯干悬浮剂 3 000～4 000 倍液叶面喷施。每 7 天喷药 1 次，连续防治 2～3 次。

白粉虱和烟粉虱可选用 25％噻嗪酮（扑虱灵）可湿性粉剂 1 000～1 500 倍液，或 2.5％联苯菊酯（天王星）乳油 2 000～3 000 倍液，或 25％噻虫嗪（阿克泰）水分散粒剂 3 000～5 000 倍液防治。蓟马可选用 1.8％阿维菌素乳油 3 000～4 000 倍液，或 25％吡虫啉可湿性粉剂 2 000 倍，或 5％啶虫脒可湿性粉剂 2 500 倍，兑水均匀喷雾，每隔 5～7 天用药一次，交替用药 2～3 次。

2. 西瓜

（1）品种选择　目前生产上推广的品种主要有红小帅、超越梦想，在夏秋大棚中生产表现较好。

（2）播期的确定　夏播西瓜生长处于高温高湿季节，从播种到采收需要 80~90 天，一般苗龄在 20 天左右。因此，可根据采收时间调整播种日期。计划国庆节上市的西瓜可以于 7 月 10 日左右开始播种。

(3) 整地与覆膜　黄瓜采收后，用多菌灵和高锰酸钾对土壤和整个温室彻底消毒，同时用辛硫磷防治地下害虫。然后进行施肥整地，每 667 米² 施有机肥 1 500 千克，过磷酸钙 25 千克，翻耕施入。做畦时施三元复合肥 30~40 千克，开沟深施于畦中间做成龟背畦，畦面宽 80 厘米，沟宽 70 厘米，垄高 15 厘米，株距 40 厘米，每 667 米² 定植株数 2 300 株左右。垄上覆盖地膜，以防草、保墒及保持土壤疏松。地膜要与地面贴紧，下沿要埋实埋严。

(4) 浸种及播种　浸种前先晒种 4 小时以上，用 10% 磷酸三钠水溶液浸种 20 分钟，捞出后反复用清水冲净，再催芽；或用 55~60℃ 温水烫种，不断搅拌，水温降至 30℃ 后浸泡 6~8 小时，以种仁无白心为度，将种子外黏膜搓去，清水洗净，之后可用 50% 多菌灵可湿性粉剂 500~600 倍液，浸泡 30 分钟，然后清水洗净，用湿布包种放入恒温箱（28~32℃）催芽，80% 的种子胚根长 1~2 毫米左右即可播种。采用 10 厘米×10 厘米的营养钵育苗，每钵 1 粒，上覆蛭石 1~1.5 厘米，播种后要采用遮阳网遮阴，出苗后及时揭去遮阳网，防止高温造成高脚苗。

(5) 田间管理　当幼苗长至 3~4 片真叶时即可定植。浇足定植水，采取双蔓整枝保留一果的整枝模式，并对主蔓进行盘蔓（环绕根基部 1~2 圈），既可节省空间，又有效促进坐果，获得较高产量。植株开花授粉前应小水渗灌一次，开花坐果期适当控水；开花期 8：00~10：00 进行人工辅助授粉，并及时摘除第一雌瓜，选留第二、第三雌花坐果，约在 15 节左右，保证一株留一果，其余全部摘除。25~30 片叶时将主蔓摘心，可有效控制营养生长，促进果实膨大。待幼果长至鸡蛋大小时，应及时追施膨瓜肥和膨瓜水，每 667 米² 追施 20~25 千克三元复合肥，4 千克钾肥，钾肥应选用硫酸钾或硝酸钾。同时可配合进行叶面追肥，夏秋茬西瓜一般授粉后 28 天左右成熟。

（6）病虫害防治　西瓜苗期最易产生猝倒病，防治方法为经常检查苗床，发现病株立即拔除并喷药防治。可以用 25％甲霜灵（瑞毒霉）可湿性粉剂 500～800 倍液、64％噁霜·锰锌（杀毒矾）可湿性粉剂 500～600 倍液、75％百菌清可湿性粉剂 600倍液，每 5～7 天喷洒一次，连喷 2～3 次。

生产中后期易发生病毒病可采用 20％吗胍·乙酸铜（病毒A）可湿性粉剂 500 倍液防治。

炭疽病在高温高湿的气候条件下极易发生，在怀柔地区一般从 6 月份开始发病并逐渐加重。防治该病首先应加强通风管理，降低棚内湿度，减少氮肥施用量等田间管理；及时喷药防治，在发病初期可选用 25％咪鲜胺乳油 1 000 倍液，80％代森锰锌可湿性粉剂 700 倍液，10％苯醚甲环唑水分散粒剂 1 500 倍液。在发病前可选用 68.75％噁唑菌酮·锰锌（易保）水分散粒剂 1 000 倍液或 70％代森联水分散粒剂 600 倍液等。每 5～7 天喷一次，连喷 2～3 次。

白粉病发病前期或发病初期预防可用 80％硫黄干悬浮剂（成标）600 倍或 2％嘧啶核苷类抗菌素可湿性粉剂（"农抗120"）200 倍液喷雾或 50％醚菌酯 3 000 倍液喷雾。每 5～7 天喷洒一次，连喷 2～3 次。

红蜘蛛（瓜叶螨）是一种喜高温低湿性害虫。3～4 月一般在杂草或其他寄主上取食，5 月上旬开始迁入瓜田危害，6 月份开始繁殖率增大，6 月下旬数量猛增，为害最为严重。防治药剂可选用 73％炔螨特（克螨特）乳油 2 000 倍液，或 20％双甲脒乳油 1 500～2 500 倍液，或 1.8％阿维菌素乳油 3 000 倍液喷雾。每 5～7 天喷一次，连喷 2～3 次。

二、大棚茄子长季节越夏高效种植模式

茄子是怀柔地区种植最广泛的蔬菜作物之一。随着保护地面积的不断扩大和对茄子周年供应的要求不断提高，茄子的种植面积逐渐扩大。为提高农户的种植效益，改变传统的上下茬的种植模式，进行越夏长季节栽培。此种种植模式不仅减少了倒茬造成的种子、人工等费用，而且提高了农户的经济效益。

（一）品种的选择

接穗品种选择抗病、耐低温、坐果率高的品种种植，如京茄1号、京茄5号等。选择砧木主要看它的抗病性、耐低温能力、增产增值能力、发芽率以及亲和力和是否易于嫁接。目前生产上主要以托鲁巴姆为主。

（二）播种期的确定

在确定茄子的定植期后，再根据砧木和接穗品种的生长速度决定各自的恰当播期。一般在砧木出苗露出子叶后再播接穗，也就是提前20多天播砧木。砧木一般于1月底播种，砧木出苗后播种接穗，于3月底~4月初定植。

（三）嫁接技术

由于普通的茄子对各种病害的抗性较弱，特别是土传病害的感染率很高，因此不宜连作。为解决这些问题，对普通茄子进行嫁接是现时最好的办法之一。茄子嫁接后，黄萎病、枯萎病、根结线虫等土传病害得到解决，同时嫁接后的茄子根系发达，可吸收充足的水分和养分，而且耐低温能力增高，植株生长旺盛，坐果率高，延长了采收期，生长后期也能得到优质果实，提高了产量，经济效益也明显高于普通栽培。

1. 育苗

为促进砧木发芽，要求进行温汤浸种。将种子倒入55℃的水中，不断搅拌，直至水温降至30℃。在温汤处理后，再用浓度为100毫克/升的赤霉素液浸泡24小时，可明显促进发芽速度。催芽过程中，若采取 30℃（12 小时）和 20℃（12 小时）的变温处理，可促进发芽，提高砧木的发芽率。待砧木种子有 30％发芽时即可播种。由于育苗时温度较低，建议采用地热线育苗。播期浇足底水，再覆一层干土即可播种。撒完种子后，再覆一层土（厚0.5～1 厘米），然后在苗床上支小拱棚保温保湿，保持白天温度不超过 35℃，夜间温度不低于 17℃。待幼苗出齐后可撤掉小拱棚，降低苗床温度，维持在白天 25～28℃，夜间17～20℃。对子叶畸形和生长不良的弱苗应及时间苗。出苗后一般不蹲苗。

待幼苗长至两叶一心时，进行分苗。分苗应选择晴天下午进行。将幼苗栽到直径 10 厘米的营养钵中。分苗后，可临时搭小拱棚提高温度，促进缓苗。待苗开始生长后，白天温度控制在25～28℃之间，夜间不低于 17℃。以后的温度管理可配合接穗的生长状态适当调整。待砧木长到 4～6 片叶时即可嫁接。

2. **接穗**

砧木出苗后开始播种接穗，接穗长到 4～5 片真叶时即可与砧木嫁接。

3. **嫁接方法**

利用"劈接法"进行嫁接。劈接法为从砧木下部 2～3 片真叶半木质化开始处用刀片平切去掉头部，然后从中间向下劈开 1厘米深，接穗从上部 3～4 片叶处向下削为双斜面楔型，长度 1厘米，削好的接穗立即插入砧木的切口中，使一侧韧皮部对齐，然后用圆口塑料夹夹好固定并迅速放入小拱棚。

4. **嫁接后管理**

嫁接后要立即放入塑料小拱棚，并喷雾增湿、防止萎蔫（在喷雾增湿时要防止嫁接伤口处积水）。小拱棚放满后应立即盖严，保持湿度 95％以上。小拱棚内温度白天维持 25～28℃，夜间18～22℃。另外，嫁接后 3 天内应采用遮阳网覆盖。以后逐渐在早晚见光，随着伤口的愈合，逐渐撤掉覆盖物。一周后，逐渐增加照光，待接穗恢复生长后，撤去床面覆盖物，转入正常管理。

5. 壮苗标准

茄苗具有 6～8 片真叶。节间短。叶片较大且肥厚,深绿色并有光泽。根系发达,生长健壮,现花蕾。苗大小整齐,抗逆性和适应性强,定植后能迅速缓苗生长。嫁接苗应伤口愈合好,成活较迅速且整齐,长势旺。

(四) 定植

1. 定植前准备

(1) 整地施肥 选择疏松肥沃、排灌条件良好的土壤,忌茄果类重茬。在 3 月上旬前按每 667 米^2 优质腐熟有机肥 5 000～10 000 千克、磷酸二铵 50 千克、硫酸钾 50 千克施入作为底肥,耕耙均匀后做成 1.3 米宽的小高畦或瓦垄畦,铺好地膜。

(2) 炼苗 定植前 7～10 天,对茄苗进行低温炼苗,使其适应早春大棚内温度低、昼夜温差大的环境。

(3) 闷棚 定植前 20 天左右扣好棚膜闷棚,以提高棚内地温。

2. 土壤消毒

根据大棚土壤的病虫害种类选用农药,在定植前 10～15 天进行。可用 50%多菌灵可湿性粉剂、50%甲基硫菌灵 (甲基托布津) 可湿性粉剂或 70%敌磺钠 (敌克松) 可湿性粉剂 1 000 倍液喷洒,或制成毒土撒布后翻入土中。有地下害虫的大棚,可以在土壤处理时加一定数量的杀虫剂。

3. 定植时间

一般在 3 月中下旬,当连续 3 天观测 10 厘米地温最低稳定在 10℃以上即可定植。选晴天上午定植。怀柔地区平原具体时间为 3 月底～4 月初,山区为 4 月中下旬。

4. 定植密度

按大行距 80 厘米、小行距 50 厘米、自根苗株距 30～40 厘米、嫁接苗株距 40～45 厘米破膜定植。不宜定植过深,埋住土坨即可。定植后要及时回土，盖严土坨和地膜，并浇透定植水。

5. **定植后管理**

（1）定植后缓苗前的管理 要注意保温保湿，一般不通风，晚上要加扣小拱棚提高地温，以促进缓苗。白天气温要保持在28～30℃，夜间不低于20℃。

（2）缓苗后的管理 白天保持温度 25～30℃，夜间温度15～20℃，可短期忍耐 10～13℃ 的低温。此期间可在晴天于大棚脊部扒小口排湿换气。

（3）开花结果期的管理 中午要大放风，天气如转暖，白天保持气温 25～30℃，夜间保持 18℃左右，地温 15℃以上，不能低于 13℃，阴雨天可比常规低 2～7℃。久阴乍晴，注意中午覆苫遮阴，以后随外界温度的升高，逐渐加大风量和通风时间，5月下旬后可昼夜通风。

（4）肥水管理 茄子定植后天气较冷，一般先浇足缓苗水后到门茄瞪眼时再开始浇水。先在地膜下进行暗灌，每 667 米² 施磷酸二铵 50 千克，可分 2～3 次追施。3 月中旬以后温度升高，地温达 18℃以上时，明暗沟都可浇水。浇水后要通风排湿。浇水一般在上午进行，随着天气转暖，以后每 5～6 天浇一遍水，水肥攻果，增加产量。在门茄收获前要培土，以防植株倒伏，结合培土每 667 米² 施磷酸二铵 25 千克，晴天可叶面喷施磷酸二氢钾。此时应当注意：

①刚坐果时不宜浇水过早、过多，否则易发生僵果。

②畦面过干或过湿均对茄子生长发育不利，保持土壤湿润为宜。

③浇过定植水即可中耕蹲苗，7～10 天再浇缓苗水。蹲苗时控制水肥，当门茄长到 3～4 厘米时，打杈和摘尖后才开始浇水追肥，这样能加速果实的发育，因此是产量成败的关键。

（5）光照 茄子要求中等强度的光照，光照强度对花芽分化、开花结果和果实品质都有很大的影响。光照弱时，叶片稍有增大，显得柔弱，且引起植株徒长，光合效率低，花的质量差，植株生长弱，且紫果品种果实着色不良，商品品质下降。

6月～8月，外界的温度高，光照强，应采用遮阳降温技术，覆盖遮阳网是高温季节棚室蔬菜生产的一项重要措施。但是若选择不到合适的遮阳网，以及覆盖的遮阳网遮光时间过长、棚内长时间形成弱光的环境，不仅会造成植株徒长，而且还不利于蔬菜的开花坐果。揭盖遮阳网要根据天气情况和不同生育期对光照强度和温度的要求灵活掌握。遮阳网应仅在晴天中午光照最强的阶段使用，其具体使用时间可在 10：30～14：30即可。

（6）整枝打杈 茄子长至门茄膨大期以后要及时将下部侧枝及老、病、黄叶摘除，以利通风透光。门茄上部只保留 2～3 个主枝结果，其余侧芽、侧枝要及时打掉。在拉秧前 30～40 天应进行摘心扪尖。嫁接栽培时若发现砧木萌芽应随时去除。

为提高后期茄子的品质，可对茄子进行换头。在 7 月中旬前后，老株上的茄子采收完毕后，从健壮茄株的茄子嫁接口上侧进行修剪，割蔓最好用果枝剪在割蔓处剪成斜茬，割完后用 0.1% 高锰酸钾溶液涂抹伤口，防止病菌侵入。最好在晴天上午剪割植株，把剪下的枝条全部带出大棚，以减少病虫害的发生。修剪后7 天左右可生长新枝。老株长势健壮的植株留 2 个健壮的再生枝，老株长势弱的选留一个再生枝作为结果枝，其余侧枝和腋芽要全部打掉。一般修剪后 40 天左右可采收。

（7）保花保果 为提高茄子的坐果率，应在开花前后 1～2天用沈农 2 号每支兑水 0.4～0.7 千克或 0.05‰ 防落素进行蘸花保果。方法为用毛笔蘸取药液均匀涂抹果柄和花萼，蘸花后要做标记以免重复。在灰霉病易发生时期应在药中掺入 800～1 000 倍 50% 腐霉利（速克灵）可湿性粉剂或 50% 异菌脲（扑海因）可湿性粉剂，并在茄子坐住后摘掉花瓣，可较好地防治灰霉病。

（五）病虫害防治

1. 常发生的虫害

（1）茶黄螨和红蜘蛛　以成虫和幼虫在叶背面吸取汁液，被害叶面出现黄色小斑点，严重时变黄枯焦，防治不及时危害严重。茶黄螨比红蜘蛛体形小，呈淡黄色或淡黄色透明。可用1.8%阿维菌素（集琦虫螨克）乳油4 000～5 000倍、73%炔螨特（克螨特）乳油2 000倍或5%氟虫脲（卡死克）乳油2 000倍喷雾防治。

（2）白粉虱　可用2.5%联苯菊酯（天王星）乳油2 000～3 000倍、25%噻嗪酮（扑虱灵）可湿性粉剂1 000～1 500倍、40%吡虫啉（康福多）水剂2 000～3 000倍喷雾或22%敌敌畏烟剂每667米² 7.5千克。

（3）蚜虫　可用2.5%氟氯氰菊酯（功夫）乳油2 500～3 000倍喷雾或15%哒螨灵乳油2 500～3 000倍液防治。防治时每7天左右施药一次，连续2～3次。

2. 常发生的病害

（1）褐纹病　是茄子的首要病害。褐纹病留种田重于商品菜田，对种子质量影响很大，甚至导致茄子腐烂而收不到种子。茄子褐纹病从幼苗期到成株都可发生。幼苗受害，多在茎基部，产生褐色至黑褐色病斑，塌陷收缩，出现猝倒或立枯，病部长有小黑点。在成株上，一般下部叶片先发病，开始产生水浸状小斑点，后变成圆形或不规则形褐色病斑，上面轮生许多小黑点。茎部被害，以茎基部为多，枝杈处也能发生，病斑为褐色纺锤形，上面长有深褐色小点。果实被害，开始产生浅褐色椭圆形稍塌陷病斑，后变黑褐色，造成果实腐烂，病斑有同心轮纹。如遇高温多湿，扩展迅速，则不形成同心轮纹，病斑上有黑色小颗粒，最后病果腐烂脱落或干腐挂在枝条上。

防治方法：选用抗病品种，一般长茄子比圆茄子抗病，白茄

子和绿茄子比紫茄子抗病。合理轮作，暗灌降湿。采取 3～5 年
轮作，起垄并扣地膜，特别是温室大棚栽培，应采用垄作扣地
膜，进行膜下暗灌，以降低湿度。还要注意经常打掉下部老叶，
以利通风透光、降低湿度。

(2) 黄萎病 症状在现蕾期开始普遍发病，植株中、下部
叶片由脉间或叶缘褪绿黄化，逐步发展到半叶或整叶黄化斑
驳，叶缘稍向上卷，有时仅半叶发病。发病初期植株晴天中午
萎蔫，早、晚或阴雨天可恢复，后期明显萎蔫不再复原。叶片
枯萎脱落，植株只剩光秆或心叶，果实僵化，停止生长。割开
病根、病茎、病枝及叶柄等部位，可见其维管束呈黄褐色或黑
褐色。

黄萎病由真菌侵染引起，一般在气温 20～25℃，潮湿多雨
时发病重，气温在 28℃ 以上时病菌受到抑制，大棚茄子最早5～6
叶时发病。此外，地势低洼、土质黏重、盐碱、多年连作、地温
偏低、定植伤根、大水漫灌等均可加速黄萎病的发生与蔓延。

防治方法：a. 选用抗病品种。b. 种子消毒，播种前用50％
多菌灵可湿性粉剂 500 倍液浸种 2 小时，或用种子重量 0.2％的
50％克菌丹可湿性粉剂拌种。c. 床土消毒。每667 米² 用50％多
菌灵可湿性粉剂或 75％百菌清可湿性粉剂 3～4 千克和 10 倍干
细土混合，均匀撒在地面，深耙 15 厘米。d. 合理轮作。与非茄
科作物，如葱、蒜、水稻等轮作 3 年以上。e. 加强田间管理。
实行配方施肥，每 667 米² 施腐熟厩肥 5 000 千克，氮、磷、钾
等量的混合肥 30 千克作基肥。高畦铺地膜，前期控制浇水，加
强中耕，结果期增施钾肥和氮肥，采摘后及时追肥并叶面喷肥。
f. 药剂防治。发病初期及时拔除病株并烧毁，同时用 70％甲基
硫菌灵（甲基托布津）可湿性粉剂 800 倍液、50％多菌灵可湿性
粉剂 500 倍液或 50％敌菌灵可湿性粉剂 500 倍液灌根，每株灌
药液 0.3～0.5 千克，每隔 10 天灌 1 次，连灌 3～4 次。

(3) 灰霉病 通常发生于成株期，茎枝和果实均可受害，尤

其以门茄和对茄受害最重。在幼果顶部及其附近产生水浸状褐色病斑，扩大后呈暗褐色，凹陷腐烂，表面产生不规则轮纹状、很厚的灰色霉层，失去食用价值。严重时叶片也能发病，多在叶缘处先形成水浸状浅褐色病斑，扩展后呈圆形或椭圆形、褐色并带有浅褐色轮纹的大型病斑，湿度大时病斑上密布灰色霉层。发病后期，如果条件适宜，病斑连片，致使整个叶片干枯。茎和枝条染病，初生水浸状不规则形病斑，呈灰白色或褐色，病斑可绕枝一周，其上部枝叶萎蔫枯死，病部表面密生灰白色霉状物，这种症状很容易被误诊为枯萎病。

防治方法：a. 定植前用50％多菌灵（万霉灵）可湿性粉剂1 000倍液喷洒定植苗，达到无病苗下田。b. 蘸花时，在配制好的 2,4 - D 药水中加入 0.1％的50％腐霉利可湿性粉剂蘸花或涂抹。c. 大棚茄子在发病初期或阴雨连绵的天气条件下，可以用45％百菌清烟熏剂熏烟，每 667 米² 200～250 克，在傍晚进行，次日通风，每隔 7 天一次。d. 发病初期开始喷洒多菌灵（霉特灵）、腐霉利、噻菌灵（多霉灵）等农药及时防治，每隔 4～5 天一次，连用 4～5 次。

（六）采收

当茄子果实靠近萼片处新生部位的白色条带消失时，表明果实已充分长大，此时要及时采收。如果市场需求大、价格高，只要茄子符合商品要求，没有充分长大时也可提前采收。为避免茄子损伤，采收时应用剪子从果柄处剪下，不可用手扯下。

三、大棚黄瓜长季节越夏栽培高效种植模式

大棚黄瓜的主要茬口是春秋两茬，上市期集中在 5～6 月和8～9 月，与北京周边蔬菜大量上市同期，容易遇上"蔬菜滞销、菜贱伤农"的风险。大棚黄瓜越夏长季节种植，采收期从 4 月一

直延续到 10 月，产量大幅提高，每 667 米² 效益达 3 万余元，这一高效种植模式已在怀柔区广泛应用。

（一）品种选择

1. 黄瓜品种介绍

选择抗病、丰产、品质好、适宜大棚栽培的黄瓜品种，如中农 16、北农佳秀、北京 203、北京 204 等。

（1）中农 16 该品种生长速度快，结瓜集中，以主蔓结瓜为主。瓜长约 30 厘米，瓜把短，有光泽，口感脆甜。前期产量高，丰产性好，抗霜霉病、白粉病、枯萎病等多种病害，适宜早春露地及春秋棚栽培。

（2）北农佳秀 该品种叶片大，主蔓结瓜为主，瓜码密，回头瓜多，瓜条生长速度快。瓜条商品性极佳，瓜长棒型，腰瓜长 30 厘米左右，瓜条顺直。前期产量高，丰产性好。抗霜霉病、白粉病、枯萎病、耐低温弱光，适宜春秋棚及日光温室越冬茬和早春茬栽培。

（3）北京 203 该品种结瓜早，发育速度快，抗霜霉、白粉病和枯萎病能力强，品质好，质脆，商品性好，适于春秋棚种植。

（4）北京 204 该品种植株生长势强，瓜色深绿色，刺瘤明显，瓜长 35 厘米，淡绿色果肉，味清香，品质好，耐病性强，产量高，适宜春秋棚种植。

2. 砧木品种介绍

砧木品种以采用亲和力强、嫁接成活率高、抗逆性及抗土传病害能力强、脱蜡粉的砧木品种。目前生产中常用的品种有：北农亮砧、绿洲天使和京欣砧 5 号。

（1）北农亮砧 新选育的黄瓜专用砧木的优良杂种一代。该品种皮白色，粒小，与黄瓜的嫁接亲和力强，吸水吸肥能力强，植株生长旺盛，抗逆性和抗病性强。嫁接黄瓜果实口感好，维生素 C 含量高。适宜秋冬季及春季保护地栽培。

（2）绿洲天使 发芽势强，芽率高，出苗整齐，发苗健壮，嫁接易操作，亲和力强，成活率高。根系强大，植株稳健，前期不徒长，结瓜早，节位低，产量均衡。具有较强的耐寒性，高抗枯萎病等土传性病害。改善黄瓜品质，嫁接后瓜条整齐直顺，色泽油亮，无蜡粉，口感甘脆，品质及商品性极佳，经济效益显著。

（3）京欣砧 5 号 嫁接亲和力好，共生亲和力强，成活率高。种子小。发芽容易，整齐，发芽势好，出苗壮。与其他一般砧木品种相比，下胚轴较短粗且深绿色，子叶绿且抗病，实秆不易空心，不易徒长，便于嫁接，可使黄瓜提早采摘，瓜条无蜡粉，亮绿，提高果实品质。

（二）选择适宜的播种期

从实践中看，进行春大棚黄瓜生产，过早播种气温、地温偏低，植株不能及时定植到大棚中，易造成小老苗；过晚播种生长期变短造成总产量降低，而且过晚播种使前期产量降低，产值受到影响。

（三）嫁接育苗

目前，生产上黄瓜嫁接采用较多的是插接或贴接的嫁接技术。一般每 667 米^2 用种量接穗黄瓜 150～200 克，砧木品种 1 500～2 000 克，具体方法是：

1. 营养土配制

营养土的质量与秧苗的生长发育优劣密切相关，一般要求营养土土质疏松肥沃、细致、养分充足，pH6.5～7.0，且没种植过黄瓜等葫芦科蔬菜为宜。生产上多采用肥沃园田土 5～6 份，优质腐熟粪肥 4～5 份，并配以速效性肥料，每立方米营养土加磷酸二铵 0.5 千克＋过磷酸钙 2 千克＋氯化钾 1 千克，或磷酸二铵 0.5 千克＋硫酸钾 1 千克，然后混匀过筛。注意不准掺入碳酸氢铵或尿素。如果园田土较黏重，可酌情加入 2～4 份腐熟马粪或腐熟麦糠或少量炉灰渣。营养土中最好不掺入鸡粪，因为鸡粪中肥料浓度高，使用时易烧苗或诱发微量元素缺乏症。若肥源不足，必须使用鸡粪，用量应掌握在不超过总量 1%的比例，而且鸡粪要充分腐熟过筛细碎，与营养土掺匀。还可买配比好的草炭进行育苗。

2. 装钵

可用 8 厘米×8 厘米或 10 厘米×10 厘米的营养钵育苗，内装 10 厘米营养土并做适当镇压。为不使营养土散落，可用喷壶适当喷些水，以增加土壤湿度。然后，边装钵边摆放在事先打好的育苗畦内，缝隙用细土弥严。苗床准备在有加温设施的日光温室内育苗，应选择有利于嫁接的低畦苗床。育苗畦为南北向，一般长约 2 米左右，宽 1.0～1.1 米，深 0.20～0.25 米，畦面比地面或畦埂低 20 厘米左右。为提高地温应加设地热线，有条件的应使用控温仪，保证恒温出苗整齐一致。苗床摆满后浇透水，扣日光温室膜提温，以备嫁接后移苗。

3. 浸种催芽

接穗黄瓜应比砧木早播 2～3 天，其目的是尽可能缩小两者苗高的差距，使黄瓜幼苗与南瓜幼苗做到基本匹配。所以，应以播期为准，推算浸种催芽和种子处理时间。

黄瓜在播种前需对种子进行处理，温烫浸种。方法是先将种子适当晾晒，然后放入 55℃的热水（两份开水兑一份凉水）中，并用小木棍不停搅动，10 分钟后当水温降到 30℃时，再浸泡 4～6小时，之后捞出反复清洗，搓去黏液。用湿纱布包好种子，置于25～30℃的地方催芽，每隔 4～5 小时用清水冲洗 1 次，一般经12～18 个小时，当大部分种子 50%～70%发芽后即可播种。南瓜浸种催芽方法可参照上述方法进行，只是南瓜种子具有一定的休眠性，当年的新种子发芽率只有 40%左右。应尽量选用 2～3 年的陈种子，可在温烫浸种后，用温水浸种 6～12 小时再进行催芽。

4. 播种

一般于 2 月中下旬播种，砧木播种采用营养钵育苗，接穗播种可使用育苗床或育苗盘，营养土厚 3～5 厘米，浇透水以备播种。播种后可覆蛭石 1.0 厘米左右，砧木可覆厚些。播种后幼苗出土前，温室内温度可保持在 25～30℃，约 5～7 天后当 70% 幼苗出土，子叶展平时，要加大放风量适当降低室温，保持白天25℃，夜间 17℃ 左右，防止幼苗的徒长。苗期用水分调节的方法来控制幼苗徒长，保持土壤见干见湿。

5. 嫁接

当南瓜苗高 5～6 厘米，第一片真叶半展开，黄瓜幼苗第一片真叶长到约 2 厘米大小时，为嫁接适期。嫁接后，将苗逐一码放在育苗畦内，浇透水，浇水时尽量不要触及接口，育苗畦上加设塑料小拱棚，主要用于白天保湿、遮光（覆盖遮阴物），夜间保温，以促进切口愈合，提高成活率。

6. 嫁接苗的管理

嫁接苗成活率的高低与嫁接后的管理技术有着非常重要的关系。黄瓜嫁接苗管理的重点是：为嫁接苗创造适宜的温度、湿度、光照及通气条件，加速接口的愈合和嫁接幼苗的生长。现将嫁接苗管理技术简要介绍如下：

(1) 保温　嫁接苗伤口愈合的适宜温度为 25℃ 左右，接口在低温条件下愈合很慢，影响成活率。

(2) 保湿　如果嫁接苗床的空气相对湿度比较低，接穗易失水引起凋萎，会严重影响嫁接苗成活率。嫁接后 3～5 天内，小拱棚内空气相对湿度控制在 85%～95%。

(3) 遮光　在棚外覆盖稀疏的苇帘或遮阳网，避免阳光直接照射秧苗而引起接穗萎蔫，同时在夜间还起保温作用。

(4) 通风　嫁接后 3～5 天，嫁接苗开始生长时可开始通风。开始通风口要小，以后逐渐增大。

(5) 接穗断根　用靠接法嫁接的黄瓜苗，在嫁接苗栽植 10

天后，就可以给接穗断根。

（四）定植

当10厘米深土壤温度稳定在12℃以上、气温稳定在5℃以上时即可定植。

1. 大棚准备

在定植前20～25天盖膜扣棚。棚膜覆盖完成后，及时清除田间垃圾，封闭风口，提高棚温，准备整地。

2. 整地施肥

为满足作物生长需要和提高土壤温度，每667米^{2}应施优质腐熟有机肥6 000千克以上，三元复合肥或磷酸二铵25～30千克，硫酸钾10～15千克。做成瓦垄畦，畦为半高垄，垄高12～15厘米，大行距70～80厘米，小行距50～60厘米，都要覆地膜，覆膜平滑，以防滋生杂草。这样有利于提高地温，降低空气湿度，达到防病目的。

3. 定植方法

定植要选择晴天上午"点水"定植。先按照规定株距30～35厘米开定植穴（十字形划破地膜），每667米^{2}定植3 200株左右。每穴放缓释药片一片，药片上覆土2厘米左右，定植穴浇水，待水渗至一半时摆苗，水渗后封穴，覆土深度不要超过苗坨高度，压好地膜破口处。

（五）定植后管理

1. 缓苗期

此期的管理重点是提高温度促进缓苗，严防寒流侵袭。定植闷棚保温一周（采用多重覆盖的，白天打开二道幕和小拱在下午棚温下降到20℃时盖好小拱棚、二道幕）。当中午温至35℃时开顶风口降温，待温度缓慢降到30～32℃时关闭期间浅中耕2次，待心叶开始生长时，标志着幼苗已经成活，缓苗期结束。

2. 蹲苗期管理

缓苗结束后根据土壤墒情，轻浇一次缓苗水，每 667 米^2 用量控制在 10 米^3 左右，即进入蹲苗期。蹲苗期的管理重点是促进根系发育，协调植株地上部与地下部的关系，以利开花坐瓜。所以在蹲苗期不可浇水追肥，通过适当的生理干旱促进根系生长，期间主要工作如下。

(1) 土壤管理 中耕松土 2 次，以提高地温、增加土壤透气性，促进根系发育。

(2) 温度管理 可适当降低温度，白天 25～30℃，超过 30℃可放风，棚温降至 25℃即关闭风口，夜间保持 10～15℃。

(3) 吊蔓 当株高 25 厘米以上时，要开始吊蔓，吊绳最好采用具有驱蚜作用的银灰色塑料绳，采用落蔓夹将植株固定在吊绳上。

3. 骤然降温管理

虽已进入 4 月上旬，但气温仍不稳定，因此广大农户要防止"倒春寒"对生产的影响。骤然降温时做好增温保温管理，封闭好棚膜，并在大棚周边围挡一圈草帘保温。可同时应用"热宝"增温块临时增温，于 0：00～2：00 应用，每 667 米^2 用 6 块，最低温度可提高 2.8℃，每 667 米^2 用 10 块，可提高 3.7℃。

定植后要闷棚保温，一周期间浅中耕 2 次，缓苗期间一般不用通风、浇水。当中午温度超过 35℃时可开顶风口降温，注意风口不要开得太大，不要开侧风、切忌开底风，待温度缓慢降到 32℃时关闭风口，夜间保持 15℃以上。

（六）采收前期的管理

1. 温度管理

晴天时要进行大温差管理：白天棚内气温保持 28～30℃，夜间 18～11℃，有利于结瓜。夜温有时 10～12℃，有时 8～10℃，要看苗情和水分多少而定。节间 7～8 厘米长、叶柄与茎夹角为

45°为正常。阴天注意保温防寒，中午看棚内湿度情况。如果湿度大也要放风，但时间要短，早闭缝，湿度小时不必放风。

2. 水肥管理

在降低湿度的前提下，以满足结瓜为主。10 天左右浇一水，每次每 667 米^2 浇水 5～10 米^3。龙头有一点花打顶为正常。五月上中旬以后天气渐暖，可增加浇水次数，7 天左右浇一次水，每次每 667 米^2 浇水 5～10 米^3。每次浇水结合追肥，每次滴灌加肥，每 667 米^2 加肥 5～10 千克，视黄瓜长势，可在某次滴灌时停止加肥一次，但在下一次滴灌施肥时要适当增加肥料用量，尤其是前期高温管理生长迅速，结瓜早、多，但秧易早衰，要及时浇水追肥。拉秧前十天应停止浇水和施肥。

3. 植株调整

吊蔓：定植后 10～15 天，植株长到 20～30 厘米左右、6～8 片真叶，植株龙头出现倒伏现象时开始吊蔓，用尼龙绳一头系住上部的铁丝，一头系在黄瓜苗上，拴成活结，松紧适当，以便将来落蔓。吊蔓的同时及时去掉卷须。

去除侧枝：黄瓜以主蔓结瓜为主，侧枝应全部疏除。但黄瓜吊蔓前，侧枝疏除不能过早，否则容易影响黄瓜长势。可在侧枝长到 5～8 厘米左右时将其疏除。黄瓜吊蔓后，主蔓上萌发的侧芽要随时疏除。

缠蔓和落蔓：黄瓜进入抽蔓期后，生长迅速，每隔 2～3 天要缠蔓 1 次，以免黄瓜茎蔓折断。当植株长到 180～190 厘米接近钢丝时，要进行落蔓（也可采用落蔓夹进行落蔓），落蔓前及时将植株最下部 2～3 片老叶疏除，以减少营养消耗、降低病菌侵染的概率。正常情况下，每株至少应保持 14～16 片功能叶。解开下部活结，把茎蔓落下 30 厘米左右，落到 150 厘米高度即可，以保证植株有足够的功能叶供应植株的正常生长，再将吊绳系好。

注意事项：黄瓜整蔓要选择晴天进行。因为黄瓜在整蔓时，不可避免地造成茎蔓损伤，如果在阴雨天进行，伤口干燥不及时，容易感染病害。且晴天植株蒸发量大，茎叶含水量低，茎秆柔韧，不容易受伤。所以黄瓜整蔓要选在晴天进行。

落蔓时也不要在 10：00 前或浇水后进行，否则茎蔓组织含水量偏高，缺乏韧性，容易折断或扭裂。落蔓时要顺着茎蔓的弯向引蔓下落，并随着茎蔓的弯向把茎蔓打弯，不要硬打弯或反向打弯，避免折断或扭裂茎蔓。瓜蔓要落到地膜上，不要落到土壤表面，更不允许将瓜蔓埋入土中，以避免黄瓜茎蔓在土中生不定根后，容易发生枯萎病，使嫁接失去意义。

落蔓时还要注意抑强扶弱，把植株生长势强的瓜秧适当下缩，减弱生长势，把植株生长势弱的瓜秧落蔓少些，适当上提，促其向上生长，尽量保持瓜秧高度一致，便于管理。

（七）采瓜盛期管理

这一时期虽然处于结瓜后期，但结瓜量很大，一般占总产量的 50％，因此追肥浇水和病虫防治要重视。

1. 加强水肥管理

4～5 天一次水肥，产量高峰时 2～3 天一水，重追复合肥，加强补充磷钾肥。还可以用尿素或磷酸二氢钾进行叶面喷施，以补充植株吸收地下营养的不足。

2. 植株调整

打去下部老叶。及时落蔓。主蔓结瓜的打顶促进回头瓜的生长。有侧枝的品种，侧枝上留 1～2 条瓜，瓜前留 1～2 片叶掐尖，主蔓上的生长点直到拉秧也不掐。生长受阻的植株可掐尖留枝，继续生长。

3. 注意放风，防止烧苗

提高侧风口技术，随着气温的增加，大棚内温度变得越来越高，如果超过 35℃，不及时降温，将会影响黄瓜生长。因此把大棚的侧风口在原有的基础上提高 120～130 厘米，这一腰部通风方式改变了以往的大棚通风口位置，可有效调节棚内空气的温湿度，保护棚内作物免受伤害。

（八）病虫害防治

坚持"预防为主，综合防治"的植保方针，把病虫害控制在较低发生水平。目前，生产上所采取的系列综合配套栽培措施，适时使用各种烟雾剂、熏蒸剂的目的都是针对前两个阶段而言。除此之外，还应根据不同病虫害的发生时期及规律，及早发现中心病株，有针对性地做好主要病虫害的防治工作，把病虫危害控制在萌芽状态。

1. 物理防治

使用遮阳网控制温度，保护作物不受强光侵害。使用防虫网减少虫害。每 15 米^2 挂一条 18 厘米×8 厘米上涂机油的黄板诱杀白粉虱。

2. 生态防治

白天控制温度 25～30℃，夜间控制温度 12～15℃。禁止大水漫灌，相对湿度控制在 85％以下。尽量要使叶片不结露，减少结露时间。

3. 化学防治

（1）虫害 蚜虫用 10％吡虫啉可湿性粉剂 1 500 倍液喷施，白粉虱用 25％噻嗪酮（扑虱灵）可湿性粉剂 800 倍液或 25％噻虫嗪水分散粒剂 2 500 倍液喷施，潜叶蝇用 1.8％阿维菌素（齐螨素）乳油 2 000 倍液喷施。

蚜虫、白粉虱的防治也可施用根用缓释农药。根用缓释农药是北京市农业技术推广站研制的一种新剂型农药，在定植时每株穴施 1 片，施药后可以防治蔬菜整个生长期的虫害，不仅降低了人工打药成本，也减轻了农民的劳动强度。

（2）病害 霜霉病用 45％百菌清烟剂每 667 米^2 250 克熏棚，或 72％双脲氰·锰锌（克露）可湿性粉剂 800 倍液或 69％代森猛锌（安克锰锌）可湿性粉剂 1 000 倍液喷施。细菌性角斑病用 72%农用链霉素可湿性粉剂 3 000 倍液或 77%氢氧化铜（可杀得）可湿性粉剂 800 倍液喷施。炭疽病用 75%百菌清（达科宁）可湿性粉剂 600 倍液或 10%苯醚甲环唑（世高）水分散粒剂 1 500 倍液喷施，白粉病用 10%苯醚甲环唑（世高）水分散粒剂 1 500 倍液或 40%氟硅唑（杜邦福星）乳油 3 000 倍液喷施。灰霉病用 45%百菌清烟剂每 667 米^2 250 克熏棚，或 40%嘧霉胺（施佳乐）可湿性粉剂 800 倍液或 50%腐霉利（速克灵）可湿性粉剂 1 000 倍液喷施。

四、冷凉地区大棚辣椒长季节越夏高效种植模式

怀柔北部山区海拔 3 000 米以上，气候冷凉、昼夜温差大，光照充足，空气清新，具有特殊的冷凉气候资源优势。为了充分利用北部山区这一得天独厚的自然条件，弥补北京市场的供应缺口，从 2010 年开始，进行冷凉地区塑料大棚辣椒越夏长季节栽培，通过几年对辣椒品种的引进、筛选和栽培技术的试验、示范与推广工作，总结出冷凉地区大棚辣椒越夏生产高效种植模式。冷凉地区辣椒长季节越夏种植效益可达每 667 米^2 3 万元。

（一）品种选择

谷雨大牛角为早熟品种。果实粗大呈牛角形，椒长 30 厘米，粗 7 厘米。表皮淡绿色，果面光滑。最大单果重可达 230 克。微辣，硬度高，耐贮运。植株生长旺盛，抗病性强，连续坐果能力强，高产稳产，适合露地及保护地栽培。

（二）播种与育苗

1. 播种期

山区气候比较冷凉，播种期比平原地区迟播一个月左右，一

般在 2 月中旬播种。

2. 种子处理

播前温汤浸种。将种子浸入 50～55℃温水中搅拌至水温降到 30℃，浸泡 4～6 小时后，再用 10％磷酸三钠浸泡 20 分钟，之后用清水反复冲洗，冲洗干净后用湿毛巾包好，放在温度为 25～30℃的地方催芽。每天用 30℃温水冲洗一次，经过 3～5 天发芽，在 50％～60％的种子露白时即可播种。

3. 播种

选晴天上午在大棚苗床上进行播种。播种前苗床浇足底水，水渗下以后撒一层营养土，同时加入 5 克/米² 多菌灵。整平床面后，将催过芽的种子均匀撒在苗床上，播后覆 1 厘米厚的潮干细土，最后在床面上覆盖地膜，扣上塑料小拱棚，保持苗床温度和湿度，白天温度保持在 28～30℃，夜温 18～20℃。待有 70％～80％出苗时，揭去地膜。在幼苗子叶展平后，要及时进行间苗，间苗后再进行覆土护根。

4. 分苗及分苗后管理

当幼苗长到两叶一心时进行分苗。将幼苗分到苗床，苗间距 8～10 厘米。分苗后为促进根系恢复生长，要保持较高温度。白天温度要求 30～32℃。约一周后，幼苗新叶开始生长时，应适当通风降温，以防幼苗徒长，日温保持 20～25℃，夜温 10～15℃。

分苗后一般不宜浇水。在新根、新叶开始生长后，要及时浇一次小水，水后中耕，以利增温、透气、保墒。苗床土肥力不足时，应随水施入复合肥，或采取叶片追肥，喷施 0.2％～0.4％浓度的尿素和磷酸二氢钾。当苗长到 8～9 片叶时进行定植。

（三）定植

1. 定植前准备

定植前 20 天将棚膜上好，封棚、烤地，以提高地温。定植前结合整地做畦，施足底肥。每 667 米² 施入充分腐熟的鸡粪

5 000千克，磷酸二铵10千克，三元复合肥30千克，撒施毒土（辛硫磷∶水∶土＝1∶10∶100）防治地下害虫。整平后东西向做高畦，畦垄宽70厘米，畦沟宽70厘米，畦面高15～20厘米，畦垄上铺黑色地膜。

2. 定植

四月中旬，当10厘米地温稳定在12℃以上，大棚内最低气温稳定在5℃以上时定植，尽量选晴天上午定植。每畦定植2行，采取大小行的方式，大行100厘米，小行40厘米，株距40厘米，每667米² 定植2 300～2 500株。

（四）田间管理

1. 温度管理

定植后立即封严棚膜，以提高棚内温度，利于缓苗。棚内温度保持在30℃，若超过30℃，可适当通风。当幼苗叶色转绿，心叶开始生长时，证明已缓苗，并逐渐放风，保持日温25～30℃，当棚内温度上升到25℃时就可打开风口进行放风。放风先从顶缝开始，缝口由小到大，再开边缝。无顶缝的大棚在开边缝时，应先打开一侧风口，逐步过渡到两侧放风。当棚内温度下降至20℃以下后，要逐渐关闭风口，保持夜温15～20℃。当外界夜温稳定在15℃以上时，不再关闭风口，即可进行昼夜通风。

2. 水肥管理

（1）铺设滴灌施肥系统 每畦铺设两条滴灌带，滴头朝上，滴头间距一般为30厘米。如果使用旧滴灌带一定要检查漏水和堵塞情况。施肥装置一般为压差式施肥罐和文丘里施肥器，施肥罐容积不低于13升。

（2）肥料选择

①肥料要求：常温下能够溶于灌溉水；与其他肥料混用后基本不产生沉淀；不会引起灌溉水酸碱度的剧烈变化；对灌溉系统

等腐蚀性较小。

②常用肥料：一般分为自制肥和专用肥。自制肥是指选用溶解性好的单质肥和复合肥料临时配制的滴灌肥，原料一般选用尿素、磷酸二氢钾、硝酸钾、硝酸铵、硝酸钙等。由于自制肥料的各元素间有一定的拮抗反应，会产生沉淀而堵塞滴灌系统，建议使用滴灌专用肥。液体肥适用于滴灌施肥。

③追肥原则：大椒生长前期选用氮含量高的滴灌肥，中、后期选用钾含量高的滴灌肥。每次施肥量应根据所用肥料养分含量的高低适当增减。

(3) 滴灌施肥方法 滴灌施肥必须坚持少量多次的原则。定植后及时灌一次透水，一般每 667 米^2 灌水 20～25 米^3。在苗期和开花期根据植株长势及土壤墒情，进行浇水追肥，每次灌水 6～10 米^3，苗弱可结合浇水每 667 米^2 追施速溶性滴灌肥 3～5 千克。门椒坐果后，视大椒长势，每隔 5～10 天灌一次水，每 667 米^2 每次灌水 6～12 米^3，从果实膨大开始水肥交替进行，每次每 667 米^2 追肥 5～10 千克。根据植株长势还应适当增加叶面喷肥。拉秧前 10～15 天停止浇水。

3. 搭架整枝

为防止坐果后植株因"头重脚轻"而倒伏，特别是地膜覆盖栽培的植株，根系入土浅，易倒伏，因此要在每行植株的外侧插竹竿、绑横栏，采用吊绳绕蔓，防止植株倒伏。生长前期一般不进行整枝。在中后期，常因枝条茂密造成通风不良，影响坐果，这时需要进行整枝，将门椒以下的老叶、侧枝及其他细弱侧枝全部除去。

4. 温湿度管理

土壤干旱，水分不足，抑制植株对肥水的要求，会引起落花落果；一次性浇水过多，湿度过大，导致土壤通透性变差，引起沤根，还会导致病害流行，影响坐果。6 月～9 月注意防雨防病，通风降温。6 月下旬～8 月下旬应于晴日 10：30 至 15：00 覆盖遮阳网，或喷涂遮阳降温涂料，起到降温的作用。

5. 采收

大椒开花授粉后 25～30 天开始采收门椒。一般习惯采摘绿果，只要果实充分膨大，表面具有一定光泽时就可采收。

（五）病害防治

1. 猝倒病、立枯病

发现病株后要及时拔除并覆盖药土、干土或撒少量草木灰。药剂防治可用 25％甲霜灵可湿性粉剂 300 倍液，或 70％代森锰锌可湿性粉剂 500 倍液，或 75％百菌清可湿性粉剂 600 倍液喷洒防治。

2. 疫病

在发现病株时开始施药。可选用 58％甲霜灵·锰锌可湿性粉剂 600 倍液，或 75％百菌清可湿性粉剂 600 倍液，或 72％双脲氰·锰锌（克露、克抗灵）可湿性粉剂 500～600 倍液对病株灌根，每株药量为 250 克（0.25 升），灌 1～2 次。

3. 病毒病

加强田间管理，避免田间操作传毒。药剂防治可选用 20％吗胍·乙酸铜（病毒 A）可湿性粉剂 500 倍液喷施防治。

五、大棚芹菜一年三茬高效种植模式

芹菜是人们一年四季都喜欢的蔬菜品种之一，有较高的营养价值和药用价值，深受市民的喜爱，市场销售较好。由于芹菜属于低温性作物，常规塑料大棚一年只能种植两茬，夏季很难生产，但通过试验，合理安排茬口，采用遮阳降温等技术，满足了芹菜的生长环境，夏季生产芹菜取得成功，并获得很好的经济收入。现将塑料大棚芹菜一年三茬的栽培技术做一简单介绍：

（一）茬口安排

早春茬于 1 月中旬温室育苗，3 月底定植塑料大棚，6 月初开始采收；越夏茬于 4 月中旬育苗，6 月初定植，7 月下旬开始采收；秋茬于 6 月中旬育苗，7 月底定植，10 月中旬开始采收。

（二）品种选择

芹菜一年三茬种植模式中，选择品种是关键，品种要具有冬性强、不易抽蔓或抽蔓较晚、耐热、抗病性强等特点。目前生产上表现较好的品种为文图拉。该品种由美国引进，植株生长旺盛，株高 80 厘米左右，高度有优势。叶偏大，叶色绿。茎有光泽，品质脆嫩，纤维极少，抗枯萎病，单株重 1 千克左右。

（三）早春茬芹菜的栽培技术

1. 育苗

大棚早春茬栽培芹菜，一般要在土壤化冻深度达 15 厘米左右时才能定植，怀柔平原地区 3 月底即可定植。定植时苗龄60～70 天，株高 10～13 厘米，具有 4～5 片叶为宜。

（1）催芽 将种子放在 25℃ 左右的水中浸泡 24 小时，搓洗干净，用纱布包好，在 18～20℃ 的条件下催芽，一般 7 天左右即可露白。也可变温处理，将种子浸泡后捞出，先在 15～18℃ 的条件下处理 12 小时，再在 22～25℃ 的条件下处理 12 小时，如此循环进行，直至露白，种子 3 天即可出芽。

（2）苗床准备 芹菜种子小，顶土力弱，出苗慢，因此要精细整地，做好育苗床。每 667 米^2 施用腐熟的圈肥 5 000 千克，肥料捣细撒匀，然后深翻整地，做宽 1.2 米的苗畦。做畦时应取出部分畦土，过筛作覆土备用。整平畦面。

（3）播种 播种前浇足底水。水渗下后，将种子与细沙土混匀，在畦面均匀撒播，每 667 米^2 苗床用种 1～1.5 千克。播种后覆土 0.5 厘米厚，然后覆盖地膜。可加盖小拱棚增温，促进出苗。

（4）苗期管理 出苗前白天温度以 15～20℃为宜；出苗后在强光的中午可适当遮阴，并开始通风，使白天温度控制在20～25℃，夜间 13～15℃。苗期水分不宜过大，以免降低地温。苗床上可进行 1～2 次分苗，不移苗的要分次间苗，最后使苗距保持在 3 厘米，结合间苗及时除草。定植前 10 天左右，要逐渐加大通风量，降低昼夜温度，使夜间温度最低降至 0℃左右，进行炼苗。

2. 定植

（1）整地施肥 早春要在定植前 10 天左右扣棚，烤地增温，深翻土地两遍，结合翻地每 667 米² 施用腐熟的圈肥 5 000 千克，可再撒施尿素 30 千克。整平后做成 1.2 米宽的平畦。

（2）定植 当棚内气温稳定在 0℃以上，10 厘米深处地温在 10℃以上时即可定植。如果棚内加扣小拱棚，则定植期还可提前 5 天左右。定植前 1～2 天，苗床要浇透水，以便起苗时少伤根。

定植前大棚内提前挖穴或开沟。西芹生长期长，秧棵大，所以栽苗不宜过密，定植采取单株栽植，栽植深度以幼苗在育苗畦的入土深度为标准，栽完苗应立即灌大水。为了获得大棵芹菜，栽植密度还可以采取行距 33 厘米，株距 25～30 厘米定植。地力较差的，也可按株行距均为 25 厘米栽苗。每 667 米² 栽植 7 000 多株，栽植深度为 2～3 厘米，过深会影响缓苗，过浅易被水冲出或倒伏，造成缺苗断垄。

3. 定植后的管理

（1）温度调节 芹菜属低温性作物，生长适宜气温为 15～25℃，棚温超过 25℃时易徒长，而低于 15℃时，植株生长缓慢，定植后要连续中耕 3～4 次，深 3～5 厘米，每次间隔 5～7 天，以利提高地温，促进生根发棵。白天气温维持在 15～25℃，夜间以 10℃左右为宜。生长后期，随着天气转暖，棚内气温逐渐升高，要适当通风，逐渐加大通风量，降低棚内温度，使棚内温度保持在 20～25℃。超过 25℃时，要及时通风降温。若棚温过高，叶片变黄，叶柄细弱，极易发生病害，特别是收获前 10～15 天，更要注意通风降温，以利于营养物质的积累，提高产量和品质。

(2) 肥水管理　定植时浇足底水，缓苗期间尽量少浇水，必须浇水时要浇小水。浇水后要注意通风散湿，并及时划锄松土，促进根系生长。心叶开始生长时，发生大量侧根，要加大肥水供应，每 5～7 天浇一次水，隔一水随水追肥一次，最好是速效氮肥和人粪尿交替施用，接近采收时不宜施用人粪尿。化肥以硫酸铵为主，每 667 米^2 施用 15 千克，也可每 667 米^2 施用 7.5 千克的尿素，适当配合氮磷钾复合肥；人粪尿为每 667 米^2 施用 10 千克。从心叶生长开始，土壤要保持湿润，不要脱水脱肥，否则植株叶片细小，叶柄纤维增多，组织老化，极易发生空心现象。

4. 主要病虫害的防治

(1) 叶斑病　又名早疫病、斑点病，主要危害西芹叶片。叶片初发病时产生黄绿色水浸状圆斑，扩大后病斑呈不规则形，褐色或灰褐色，边缘黄色或深褐色，严重时病斑扩大汇合成斑块，导致叶片枯死。叶柄及茎上病斑初为水浸状圆斑或条斑，后变暗褐色，稍凹陷。高温多湿时病斑有白霉，易被水冲掉，遇阳光消失。

防治方法：可用 50% 多菌灵可湿性粉剂 600 倍液、75% 百菌清可湿性粉剂 600 倍液、72.2% 霜霉威盐酸盐（普力克）可湿性粉剂 1 000 倍液，7～10 天喷施一次，交替喷施进行防治。

(2) 软腐病　又称"烂疙瘩"，主要发生于叶柄基部或茎上。发病初期先出现水浸状，形成淡褐色凹陷斑，后呈湿腐状，变黑发臭，仅残留表皮。病菌主要是从伤口侵入。高温多湿时易蔓延。

防治方法：a. 实行 2 年以上的轮作。b. 注意田间作业时避免伤根或使植株造成伤口。c. 及时防虫。因为昆虫也能在植株上造成伤口，导致发病。d. 药剂防治。发病初期可用 72% 农用硫链霉素可溶性粉剂喷洒，或链霉素·土霉素可湿性粉剂（新植霉素）3 000 倍液灌根。

(3) 蚜虫　可用 10% 吡虫啉可湿性粉剂 3 000 倍液或 1% 阿

维菌素乳油 3 000 倍液防治。

5. 采收

当植株外围叶片已充分长大，叶柄尚未老化，单株重量达到500 克时即可采收。

（四）越夏芹菜的栽培技术

芹菜喜温凉的气候条件，不耐热。但由于夏季高温强光照不利于芹菜的正常生长，按普通的栽培方式种植，纤维多，口感品质差。为解决一这问题，采取遮阳种植芹菜，不但产量高，质量也很好，其茎和叶柄嫩，清香味浓，质地脆嫩，纤维少而无渣，深受广大消费者的欢迎。

1. 种子处理

芹菜种子休眠期较长。经过休眠的种子，在 15～20℃的适温下，7～10 天即可发芽，超过 25℃则发芽困难。夏季可利用温度控制促进芹菜种子发芽。选用隔年的种子，先晒种 3～4 小时，再用清水浸 10～12 小时，然后揉搓种子，用清水漂洗掉种子上的黏液，洗净后种子置于阴凉通风处晾至半干，用干净湿棉布包好抖撒，晚上置于冰箱，调至 5℃左右的温度下保存 12 小时，白天再拿出来放在阴凉之处。如此反复几次，种子即可发芽。若无冰箱，可把装有种子的袋子用绳子吊在离水面 0.5 米左右的深井中进行催芽。

2. 播种育苗

选择通风、排灌方便、肥沃疏松的地块，或采用平盘进行育苗。将种子拌适量细沙，均匀撒在床面，盖上过筛细土后，喷洒 50％多菌灵可湿性粉剂 500 倍液消毒，用避光率为 70％～80％的黑色遮阳网覆盖，以保持畦面湿润。出苗后，揭去遮阳网，撒少许过筛细湿土、覆盖幼苗，利于扎根。再用农膜搭建高 1 米左右的小拱棚，农膜上覆盖遮阳网，达到防晒、避雨的目的，形成对幼苗生长有利的阴凉小气候。

3. 苗期管理

苗床一般保持湿润。苗出齐到第一片真叶展开前，小水勤浇，防止干旱死苗。第一片真叶展开后，仍保持土壤湿润。当幼苗长到2~3片真叶时，清除田间杂草并使土壤时干时湿，有利于发根，促进幼苗生长。当幼苗长到5~6片真叶，可移栽定植，移栽时大小苗分开，并在尽可能减少伤根，多带土移栽，利于成活，定植应在17：00时后进行，栽后及时浇定根水。

4. 整地做畦

上茬芹菜采收后，及时进行整地，每667米^{2}施用腐熟的有机肥1 000千克，三元复合肥或复混肥50千克，做畦可参照春季芹菜的方法。由于夏季温度较高，芹菜的生育期较短，因此可加大定植密度，行距20厘米，株距20厘米左右，每667米^{2}定植株数1.6万株左右。整个生育期要采用遮阳网降温。

5. 肥水管理

定植成活至植株封行前，浅中耕2~3次，一般追3~4次肥；用腐熟干粪渣与复合肥混合均匀施于行间，也可用复合肥对腐熟粪水淋施，施后漫灌浅水。一般施一次肥灌一次水，追肥应掌握前轻中重的原则，前1~2次应掌握在总量的20%，第3~4次追肥则达到总量的70%，封行后可追一次速效肥，用占总量的10%。每667米^{2}总追肥量为：农家肥2 000~3 000千克，三元复合肥或复混肥50~75千克。为提高产量和品质，在生长中后期可喷施2~3次叶面肥，如磷酸二氢钾、爱多收、绿肥等。

6. 采收

夏季芹菜从播种到采收大约90天左右。此茬口种植的芹菜密度较大，因此芹菜单株重量大约150克左右就可采收。

（五）秋茬芹菜的栽培技术

1. 育苗

（1）催芽 芹菜种子发芽的适宜温度为15~20℃，秋季育苗正值高温季节，不利于种子发芽，可将种子在浸种后吊在井内水面以上或放在山洞、地下室等冷凉的地方，使环境温度保持在15～20℃，促进种子尽快出芽。5～7天后种子露白时即可播种。用高浓度赤霉素对种子进行处理，可促进种子出芽。

（2）苗床的准备　同春季大棚栽培。

（3）播种　播种宜在阴天或傍晚进行。苗床先浇透水，将种子与少量细沙土拌匀，在畦面上均匀撒播，播后覆盖细土，厚度为0.5厘米。播种至出苗需10～15天。为防止阳光暴晒和雨水冲刷，播种后需采取遮阴保湿措施，可盖黑色或银灰色遮阳网，既能遮阴、防雨，又能防蚜、防病。

（4）苗期管理　苗期管理以防晒、降温、保湿为主。播种后至出苗前，每1～2天浇一次小水，保持畦面湿润。出苗后苗床内光弱时，可揭去遮阴覆盖物，光强时再盖上，逐渐减少遮盖时间。雨天要注意排水。第一片叶展开后，逐渐减少浇水次数。芹菜苗5～6叶期，要控制水分，防止徒长。苗期要结合间苗，进行除草。苗高5～6厘米时，结合浇水，每667米^{2}追施尿素8～10千克，或叶面喷0.3%～0.5%的尿素液，促进幼苗生长。幼苗具有5～6片真叶，苗高10～20厘米时即可定植。

苗期发现蚜虫时，要及时用吡虫啉等药剂进行防治。发生病害时要用百菌清、多菌灵等药剂进行防治。

2. 定植

（1）整地施肥　一般在7月底定植。前茬采收后，及时进行整地，每667米^{2}施用复合肥100千克，耙平耧细，做成1.2米宽的平畦。

（2）定植　选阴天或傍晚进行。在棚内开沟或挖穴，随栽随浇水。栽植深度以不埋住心叶为度。密度与春季大棚栽培相同。

3. 定植后的管理

（1）温度调节　定植后，气温有时仍较高，土壤水分蒸发量大，因此，定植初期要注意保湿、降温，中午光照太强时可用遮阳网遮阴。当白天最高气温降至 15℃，夜间降至 5℃时，需要扣棚保温。扣棚初期，外界光照强、温度高，既要通风降温，又要保湿，夜间大棚两侧薄膜可不盖上，使植株逐渐适应大棚栽培环境。当外界气温下降时，白天通过改变薄膜通风口的大小，使棚内温度白天保持在 15～20℃，夜间 10～15℃。夜间气温低于 6℃时，要在大棚四周加围草苫保温。在保证不受冻的前提下，草苫要早揭晚盖，使植株多见光，并经常清洁薄膜，提高透光率。中午暖和时要加强通风。保温条件有限时，要适当早采收。

（2）肥水管理 定植时要浇足底水，2～3 天后再浇一次缓苗水，使土壤湿润，并能降低地温。浇水后中耕，并将被泥土淤住的苗子扶正。心叶发绿时表明已经缓苗，这时可进行 7～10 天蹲苗，待植株叶柄粗壮，叶片颜色浓绿，新根扩展后再浇一次水，保持地面见干见湿。定植后一个月，植株生长加快，要勤浇水，勤中耕，一般 4～5 天浇一次水，浇水后及时通风散湿。扣棚后，尤其是在外界天气寒冷时，棚内水分散失量小，植株蒸发量也减少，要减少浇水次数和浇水量，一般 1 个月左右浇一次。低温季节，浇水宜在晴暖天气的中午前后进行，并适度通风。收获前 7～8 天再浇一次水，使叶柄充实、鲜嫩。芹菜喜肥，蹲苗结束后，每 667 米² 追施速效肥 15 千克。旺盛生长期，当株高达到 30 厘米时，每 667 米² 随水冲施硫酸铵 15～25 千克。

4. 收获与贮藏

大棚芹菜生长到 60～70 厘米时，开始收获。作短期贮藏的芹菜时，在收获时需连根带土一块铲起，轻轻抖落部分根土，摘掉黄叶、烂叶及病叶，注意不要碰伤叶柄。然后捆成把，每把 5 千克左右。在棚内挖 25～30 厘米深、1.5 米宽的沟，长度按需要而定。把芹菜根朝下排入沟中，把挨把放齐，在上面盖上草苫。温度低时要覆盖好草苫，温度高时要揭去，以免内部积热。这种方法既可防冻，又能减少水分蒸发，可贮藏 20 天左右。